SISTEMAS DINÂMICOS E MECATRÔNICOS

CONSELHO EDITORIAL
André Costa e Silva
Cecilia Consolo
Dijon de Moraes
Jarbas Vargas Nascimento
Luis Barbosa Cortez
Marco Aurélio Cremasco
Rogerio Lerner

Blucher

José Manoel Balthazar
Angelo Marcelo Tusset
Maurício Aparecido Ribeiro
Wagner Barth Lenz
Vinícius Piccirillo
Diego Colón
Átila Madureira Bueno
Giane Gonçalves Lenzi
Frederic Conrad Janzen

SISTEMAS DINÂMICOS E MECATRÔNICOS

Teoria e aplicação de controle

Volume 1

Sistemas dinâmicos e mecatrônicos: Teoria e aplicação de controle, vol. 1

© 2021 José Manoel Balthazar, Angelo Marcelo Tusset, Maurício Aparecido Ribeiro, Wagner Barth Lenz, Vinícius Piccirillo, Diego Colón, Átila Madureira Bueno, Giane Gonçalves Lenzi, Frederic Conrad Janzen

Editora Edgard Blücher Ltda.

Publisher Edgard Blücher
Editor Eduardo Blücher
Coordenação editorial Jonatas Eliakim
Produção editorial Isabel Silva
Diagramação Autores
Revisão de texto Bárbara Waida
Capa Leandro Cunha

Editora Blucher
Rua Pedroso Alvarenga, 1245, 4º andar
CEP 04531-934 – São Paulo – SP – Brasil
Tel.: 55 11 3078-5366
contato@blucher.com.br
www.blucher.com.br

Segundo o Novo Acordo Ortográfico, conforme 5. ed. do *Vocabulário Ortográfico da Língua Portuguesa*, Academia Brasileira de Letras, março de 2009. É proibida a reprodução total ou parcial por quaisquer meios sem autorização escrita da editora. Todos os direitos reservados pela Editora Edgard Blücher Ltda.

Dados Internacionais de Catalogação na Publicação (CIP)
Angélica Ilacqua CRB-8/7057

Balthazar, José Manoel

Sistemas dinâmicos e mecatrônicos: teoria e aplicação de controle / José Manoel Balthazar... [*et al.*]. – 1. ed. – São Paulo: Blucher, 2021.

256 p.: il. (Sistemas dinâmicos e mecatrônicos ; 1)

ISBN 978-65-5506-269-4 (impresso)
ISBN 978-65-5506-265-6 (eletrônico)

1. Engenharia 2. Sistemas dinâmicos 3. Análise de sistemas – Modelos matemáticos 3. Sistemas lineares 4. Sistemas não lineares 5. Mecatrônica 6. Equações diferenciais I. Balthazar, José Manoel.

21-0816   CDD 620.001185

Índices para catálogo sistemático:

1. Engenharia de sistemas: Modelagem

Conteúdo

1 Introdução — **11**

  1.1 Noções básicas de modelagem de sistemas eletromecânicos — 17

  1.2 Dispositivos inerciais — 18

2 Introdução aos sistemas dinâmicos — **21**

  2.1 Introdução — 21

  2.2 Princípio da mínima ação — 21

  2.3 Método lagrangeano — 24

  2.4 Método hamiltoniano — 26

    2.4.1 Exemplo: vibração unidimensional da corda — 28

3 Métodos numéricos aplicados à dinâmica — **35**

  3.1 Introdução — 35

  3.2 Sistemas dinâmicos autônomos e não autônomos — 35

  3.3 Estabilidade local — 38

  3.4 Soluções periódicas — 40

  3.5 Soluções quasi-periódicas — 41

  3.6 Soluções caóticas — 42

  3.7 Mapa de Poincaré — 44

  3.8 Expoentes de Lyapunov — 47

  3.9 Teste 0-1 — 51

  3.10 Análise espectral – *Fast Fourier Transform* — 54

  3.11 Diagrama de bifurcação — 56

  3.12 Bacia de atração — 58

  3.13 Gráficos de recorrência — 59

    3.13.1 Tipos de gráficos de recorrência — 60

6   *Sistemas dinâmicos e mecatrônicos, vol. 1*

    3.13.2   Quantificação de recorrência 61

4   Métodos analíticos aproximados   65

    4.1   Introdução 65

    4.2   Teoria de perturbação 65

        4.2.1   Método de perturbação 66

        4.2.2   Exemplo de aplicação do método de perturbação 68

        4.2.3   Termos seculares 70

    4.3   Método de múltiplas escalas 72

    4.4   Equações de modulação 75

        4.4.1   Método de múltiplas escalas com múltiplos graus de liberdade   75

        4.4.2   Método de múltiplas escalas com múltiplos graus de liberdade   77

        4.4.3   Implementação do método de múltiplas escalas 80

5   Identificação paramétrica   85

    5.1   Introdução 85

    5.2   Identificação dos parâmetros 86

        5.2.1   Parâmetro δ_1 87

        5.2.2   Parâmetro δ_2 89

        5.2.3   Parâmetro α_1 90

        5.2.4   Parâmetro α_2 91

        5.2.5   Parâmetro α_3 92

        5.2.6   Parâmetro α_4 93

        5.2.7   Parâmetros δ_3, δ_4 e δ_5 94

        5.2.8   Resumo dos experimentos 94

        5.2.9   Sistema de Duffing sem e com amortecimento 95

    5.3   Saltos 98

6   Fundamentos de controle   101

    6.1   Sistemas dinâmicos lineares 101

    6.2   A transformada de Laplace 103

        6.2.1   Resultados importantes e propriedades 103

        6.2.2   Transformada inversa de Laplace 112

    6.3   Solução de equações diferenciais pelo método da transformada de

        Laplace 113

Conteúdo

6.4 Função de transferência 114

6.5 Estabilidade de sistemas de controle 116

    6.5.1 Critério de estabilidade de Routh-Hurwitz 117

6.6 Análise de sistemas de controle pelo critério de Nyquist 121

    6.6.1 Percurso de Nyquist 123

    6.6.2 Critério de estabilidade de Nyquist 123

7 Controle por realimentação dos estados   127

7.1 Introdução 127

7.2 Projeto de controle por alocação de polos 129

    7.2.1 Primeira estratégia 129

    7.2.2 Segunda estratégia 130

    7.2.3 Terceira estratégia 130

7.3 Problema de controle ótimo quadrático 131

7.4 Controle da vibração de sistemas mecânicos vibracionais 133

    7.4.1 Controle de um sistema mecânico vibracional com uma massa 133

    7.4.2 Controle de um sistema mecânico vibracional com duas massas acopladas 138

8 Controle ótimo para sistemas não lineares   145

8.1 Introdução 145

8.2 Controle linear *feedback* 145

8.3 Controle linear *feedback* aplicado em um sistema eletromecânico não linear 148

    8.3.1 Projeto de controle linear *feedback* 151

8.4 Controle de estados dependentes da equação de Riccati (SDRE) . . 154

8.5 Aplicação do controle SDRE 157

8.6 Modelo matemático não linear 157

9 Controle de processo   165

9.1 Introdução 165

9.2 Processo de fermentação alcoólica 165

9.3 Modelo matemático do reator 166

9.4 Sistemas de controle 170

9.5 Controladores 170

	9.5.1	Controlador liga-desliga (*on-off*)	171
	9.5.2	Controlador proporcional (P)	171
	9.5.3	Controlador proporcional-integral (PI)	171
	9.5.4	Controlador proporcional-integral-derivativo (PID)	172
9.6	Controle LQR		172
	9.6.1	Aplicação	173
	9.6.2	Estratégias de controle para reator de malha aberta	173
	9.6.3	Projeto do controlador LQR	175

10 Controle robusto H_∞ e *polynomial chaos* — 179

10.1 Introdução ... 179

10.2 Diagrama de blocos e sinais ... 181

    10.2.1 Robustez ... 183

10.3 Sistema nominal ... 184

    10.3.1 Estabilidade interna ... 185

    10.3.2 Desempenho ... 185

10.4 Família de plantas ... 186

    10.4.1 Robustez de estabilidade clássica ... 187

    10.4.2 Robustez de estabilidade quando há família de plantas ... 188

    10.4.3 Robustez de desempenho quando há família de plantas ... 189

10.5 Fundamentos matemáticos ... 190

    10.5.1 Matrizes e valores singulares ... 190

    10.5.2 Espaços de Banach ... 192

    10.5.3 Espaços de Hilbert ... 195

    10.5.4 Espaços de sistemas: normas de sistemas ... 196

    10.5.5 Planta estendida ... 198

    10.5.6 Problema de sensibilidade mista ... 199

10.6 Aplicações de *polynomial chaos* a controle robusto ... 200

    10.6.1 Ferramentas matemáticas básicas ... 201

10.7 Probabilidades e variáveis aleatórias ... 203

    10.7.1 Processos estocásticos ... 206

    10.7.2 Sistemas diferenciais estocásticos ... 209

    10.7.3 Método do *polynomial chaos* com distribuição normal ... 210

    10.7.4 Método do *polynomial chaos* com outras distribuições ... 215

    10.7.5 Utilização em análise de robustez ... 216

Conteúdo

11 Métodos de otimização   **219**

  11.1 Introdução 219

  11.2 Função de otimização 219

  11.3 *Particle Swarm Optimization* (PSO) 220

  11.4 Algoritmo genético 222

      11.4.1 População inicial 222

      11.4.2 Critérios de parada 223

      11.4.3 Restrições de variáveis 223

12 Sistemas mecatrônicos não lineares   **227**

  12.1 Introdução 227

  12.2 Saturação 228

  12.3 Zona morta 229

  12.4 *Backlash* 231

  12.5 Fricção 233

      12.5.1 Atrito de Coulumb 233

      12.5.2 Atrito viscoso 234

      12.5.3 Atrito de Stribeck 234

  12.6 Relé 234

Referências   **239**

Sobre os autores   **253**

Capítulo 1

Introdução

Sabe-se que os fenômenos que envolvem uma evolução em relação ao tempo são denominados sistemas dinâmicos. Geralmente, esses sistemas são expressos por um conjunto de equações diferenciais parciais, com condições de contorno e condições iniciais no tempo bem definidas, obtidas via princípio variacional de Hamilton.

Essencialmente, esse princípio reduz a formulação do sistema dinâmico em duas quantidades escalares. A primeira é a energia cinética (E_c) e a segunda é o trabalho realizado (W) (que pode ser conservativo ou não conservativo), sendo ambas invariantes sob as transformações de coordenadas generalizadas. As equações diferenciais obtidas para descrever os fenômenos dinâmicos podem ser discretizadas no espaço, produzindo um conjunto de equações diferenciais ordinárias (EDO). Esse novo conjunto de EDO é resolvido na dimensão do tempo, podendo possuir ou não resolução analítica. Assim, um modo de resolução é utilizando algoritmos apropriados de integração numérica. Alguns exemplos desses algoritmos são o método de Euler, o método de Runge-Kutta etc.

Os problemas que são descritos pelas EDO de movimento podem conter n graus de liberdade e são expressos da seguinte forma:

$$\frac{dx}{dt} = h(x(t); t) + f(x(t)) + g(t) \tag{1.1}$$

$$x(t) \in \Re^{2n}$$

em que f é o vetor de forças internas (elétricas, magnéticas etc.) e $g(t)$ é um vetor de carregamentos externos. Assim, se $g = 0$ o sistema é dito autônomo, e se $g \neq 0$ o sistema é não autônomo. Outra classificação envolve o cálculo do divergente da função h, que permite classificar os sistemas como conservativo ou dissipativo.[1]

É importante ressaltar que a resolução de problemas nas mais diversas áreas da ciência, independentemente da sua especialidade, é definida pelas suas características interdisciplinares, por meio de uma cooperação sistemática entre as partes: teórica (qualitativa) e experimental (quantitativa).

Entretanto, deve-se prevenir os cientistas, independentemente de suas áreas de atuação, sobre as limitações das análises lineares, pois a descrição de fenômenos naturais ou tecnológicos possui uma extrema complexidade em virtude das inúmeras variáveis que os descrevem. Um exemplo são as análises de sistemas dinâmicos estruturais de uma plataforma de petróleo que é submetida ao impacto de ondas marítimas, que seguem uma não linearidade no seu movimento.

Outros aspectos das não linearidades podem ser de origem elástica, inercial ou dissipativa e, geralmente, são aproximados por polinômios que contêm termos quadráticos ou de ordens superiores. Ressalta-se que, em estruturas sujeitas a grandes deslocamentos e pequenas deformações, geralmente apenas os efeitos da não linearidade geométrica são considerados. Um entendimento dessas características dinâmicas é essencial para projetos de controle, que possibilitam analisar o tratamento das equações diferenciais não lineares, a fim de obter um sistema cujas amplitudes e fases dos modos vibracionais possuam deslocamentos desejados. Ou seja, determinar um processo no qual o sistema possua amplitudes vibracionais aceitáveis para não comprometer a estrutura. Por exemplo, as vibrações de uma ponte, que quando não controladas podem comprometer a sua estrutura e causar rompimento.

Assim, é importante saber sobre o uso adequado das ferramentas que possam servir para analisar os sistemas dinâmicos não lineares. No entanto, antes de efetuar tais análises, recomenda-se pesquisar as condições de equilíbrio do sistema, identificando os modos e as frequências naturais e verificando a existência de ressonâncias internas e/ou externas, grandes deslocamentos, múltiplas soluções, pontos de bifurcação (em que a resposta sofre mudanças bruscas qualitativamente), respostas com períodos diferentes ao da excitação, sensibilidade

---

[1] A Equação (1.2) possibilita analisar a topologia da estrutura estudada por meio do mapa de Poincaré, que está associado ao retrato de fase gerado pelas equações.

Introdução 13

às condições iniciais, ressonâncias super- e sub-harmônicas, que são alguns dos fenômenos presentes em sistemas não lineares.

No entanto, a não linearidade dos sistemas dinâmicos gera alguns comportamentos interessantes, como o denominado comportamento caótico. As condições necessárias para a existência de movimento caótico são: o sistema deve ter pelo menos três variáveis dinâmicas independentes; e as equações diferenciais do movimento devem conter um termo não linear que acople várias variáveis. Ou seja, a dinâmica do sistema torna-se caótica, sendo um fenômeno que obedece a leis determinísticas, mas cujo comportamento é imprevisível.

Sabe-se que, para modelos determinísticos, condições iniciais idênticas levam a resultados idênticos, no entanto, em sistemas que apresentam um comportamento caótico isso não acontece. Uma possível explicação é considerar o determinismo no sentido forte da palavra, dessa maneira, as condições iniciais quase idênticas levariam a resultados quase idênticos. Por outro lado, em um sistema com comportamento caótico, o estado atual torna-se totalmente imprevisível após um determinado tempo.

Com o passar dos anos, perguntou-se: como controlar o caos? Dessa forma, desenvolveram-se técnicas de eliminação do comportamento caótico do sistema dinâmico não linear a partir da introdução de um comportamento como se fosse periódico, isto é, técnicas que alteram o movimento do sistema dinâmico caótico para um sistema dinâmico periódico. Essas mudanças na trajetória de um sistema dinâmico caótico podem ser induzidas por pequenas perturbações, em virtude de a não linearidade nesses sistemas apresentar dependência com as condições iniciais. Assim, sem alterar a dinâmica do sistema, pode-se fazê-lo se comportar de maneiras distintas. Por outro lado, grandes perturbações que modifiquem a dinâmica do sistema alterarão substancialmente a trajetória original. Entretanto, em algumas situações, essas mudanças pode ser extremamente vantajosas, pois possibilitam que o sistema dinâmico caótico recaia o mais rápido possível para um determinado estado.

Ressalta-se que os sistemas dinâmicos caóticos são mais flexíveis, em virtude da extrema facilidade de modificar a sua trajetória. Entre outras características, apresentam grande sensibilidade às perturbações nas suas condições iniciais ou nos seus parâmetros de controle. Isso significa que, muitas vezes, não basta dispor de uma ferramenta adequada para a sua análise, como um programa de computador avançado, é necessário que seu usuário investigue com critério as diversas respostas quando as condições iniciais ou os parâmetros de controle são perturbados. Em outras palavras, é necessário investigar a *estabilidade topológico-estrutural* do sistema em questão. Além disso, os métodos numéricos utilizados são incondicionalmente estáveis para a integração de sistemas dinâmicos lineares, no entanto, quando aplicados aos sistemas não lineares, podem perder a estabilidade.

Além dos fatos apresentados, sabe-se que caos pode ser desejado ou indesejado, dependendo da aplicação de interesse. Por exemplo, em problemas de combustão, caos poderá ser desejável, pois o aumento da mistura de ar e de combustível poderá levar a um melhor desempenho da máquina em operação. Por outro lado, em aplicações de aerodinâmica ou de hidrodinâmica, caos gera turbulência e é indesejável, pois o aumento do arrasto dos veículos poderá elevar os custos operacionais. Em mecânica estrutural, caos poderá levar a operações irregulares e falhas por fadiga. Assim, o fenômeno caótico poderá ser restringido aos domínios de operação de muitos instrumentos eletrônicos e mecânicos.

Portanto, devemos diagnosticar o comportamento caótico desses sistemas para determinar as regiões em que um determinado grupo de parâmetros possui o comportamento caótico e, assim, aplicar técnicas de controle que tornarão seu comportamento periódico. Um exemplo dos métodos que utilizamos para diagnosticar esse comportamento é o diagrama de bifurcações, que mostra a duplicação de períodos e, consequentemente, a transição para o caos. Outra análise importante para a dinâmica caótica do sistema é o cálculo do espectro de Lyapunov, que, se for positivo, indica dependência sensitiva às condições iniciais e, portanto, comportamento caótico.

Vários trabalhos vêm sendo desenvolvidos por diversos autores neste campo de dinâmica não linear e caos, e tem-se observado um grande desenvolvimento nesta área do conhecimento. Vale a pena ressaltar que a ocorrência desses fenômenos em sistemas não lineares é visualizada mais facilmente quando uma análise paramétrica é realizada, pois isso possibilita a determinação de parâmetros que servirão como controle do sistema, geralmente adotando-se a amplitude ou a frequência de excitação como parâmetros de controle. Os demais parâmetros do sistema dinâmico são mantidos constantes, enquanto o parâmetro de controle é lentamente modificado. Isso fornece ao projetista um completo entendimento do que pode ocorrer com o sistema quando se varia determinado parâmetro. Se

Introdução 15

algumas propriedades do sistema forem utilizadas como parâmetros de controle, pode-se encontrar uma faixa segura em que a excitação, ao variar, não provocará uma resposta caótica ou com grandes deslocamentos.

Assim, essa análise paramétrica busca revelar a faixa de valores de determinados parâmetros do sistema que apresenta vibrações com amplitude excessiva ou sensibilidade às condições iniciais. De um modo bastante geral, obter a solução do sistema dinâmico é de suma importância, pois se verifica para quais valores dos parâmetros essa solução é estável ou não.[2]

Seguindo essa linha de raciocínio, para um sistema modelado por meio de EDO não lineares dificilmente será possível obter uma solução exata, ou analítica. Geralmente, a única forma de obter as soluções é por meio de métodos numéricos, nos quais apenas respostas estáveis são obtidas, e algoritmos especiais devem ser usados para obter as trajetórias instáveis. Também, pode-se dizer que existem vários métodos aproximados para resolver equações não lineares que resultam em soluções analíticas aproximadas. Ressalta-se que, dispondo de uma solução analítica, a análise paramétrica torna-se mais simples e rápida. Dentre os métodos conhecidos para essas soluções aproximadas, destacam-se os de perturbações (balanço harmônico, método da média e método das múltiplas escalas). O objetivo deste capítulo foi apresentar alguns sistemas dinâmicos básicos não lineares, modelados matematicamente, com um número finito de graus de liberdade, representados por equações diferenciais ou não. Supõe-se que as condições de existência, de diferenciabilidade e de prolongamento destas soluções sejam satisfeitas para os problemas expostos neste trabalho.

Um esclarecimento: a modelagem matemática de sistemas dinâmicos tem como costume considerá-los como funções exclusivas do tempo, sem sofrer ação do movimento da estrutura excitada; esses modelos são denominados ideais. Em contrapartida, os modelos que consideram a vibração estrutural e da fonte de

---

[2]A instabilidade de uma solução implica os fenômenos de bifurcação ou de escape. Nesta linha de previsão de escape ou de caos, o critério de Melnikov se destaca como uma importante teoria. Outra condição importante é aquela que considera o conjunto de soluções de uma equação diferencial, e não apenas sua parte de regime permanente. Deve-se focalizar a bacia de atração, e não só a cascata de bifurcações do regime permanente. Um sistema dinâmico também perde sua *integridade* quando a sua bacia se torna fractal, e não apenas quando ela desaparece ao se atingir o ponto crítico. É conhecido que, com as variações do parâmetro de controle, podem ocorrer três tipos de saltos (*jump*) na amplitude da solução: para soluções estáveis, soluções caóticas e soluções ilimitadas.

energia denominam-se modelos não ideias. Assim, o estudo dos modelos dinâmicos (ideais e não ideais) normalmente se desenvolve por três vias:

(a) Propor a solução analítica ou por métodos de perturbação das equações do movimento obtidas de formulação lagrangiana para modelos de poucos graus de liberdade, com e sem os controles propostos.

(b) Análise numérica de modelos de elementos finitos de grande porte, com e sem os controles propostos.

(c) Instrumentação, medição de vibrações de estruturas existentes suportando fontes de vibração não ideais, com e sem os controles instalados, e tratamento numérico de sinais. Obviamente, não se pode esquecer da importância da teoria de controle no condicionamento das respostas dos sistemas dinâmicos quer eles sejam lineares ou não lineares.

Para atingir esses objetivos, é importante definir o integrador do método numérico, sendo os mais usados Runge Kutta e Previsor Corretor. Assim, passa-se ao estudo dos retratos de fase das variáveis dependentes, dos gráficos de recorrência (RP) e das seções de Poincaré, que fornecem a topologia (geometria) dos fenômenos envolvidos. Uma análise mais qualitativa desses fenômenos é efetuada via cálculo dos expoentes de Lyapunov para a caracterização dos comportamentos regular (periódico e quasi-periódico) e irregular (caos) ou, mais recentemente, por meio do teste 0-1. Também pode ser efetuada análise de dados experimentais, isto é, quando não se conhecem as equações diferenciais que regem o fenômeno, utilizam-se técnicas de reconstrução do espaço de fase.

Ressalta-se que muitas destas pesquisas têm gerado conhecimentos importantes para a área de mecânica teórica e aplicada. Por meio do uso de modelos matemáticos, têm sido identificados e explicados diversos fenômenos não lineares. Dessa forma, definiremos algumas metodologias para modelar um sistema dinâmico.[3]

---

[3]É também de suma importância a determinação da estabilidade das soluções das equações do movimento obtidas. Normalmente, adota-se a definição de estabilidade segundo Lyapunov. Diz-se que um ponto de equilíbrio do sistema dinâmico é estável se, qualquer que seja a perturbação imposta ao estado de equilíbrio, o sistema permanece suficientemente próximo a esse estado; no caso oposto tem-se instabilidade. Se o sistema perturbado tender ao estado de equilíbrio inicial com o passar do tempo, diz-se que é assintoticamente estável.

Introdução 17

1.1 Noções básicas de modelagem de sistemas eletro-mecânicos

Sistemas eletromecânicos são aqueles que integram sistemas elétricos, mecânicos e de controle. Esses sistemas são classificados em três grupos: eletromecânicos convencionais (MACRO), microeletromecânicos (MEMS) e nanoeletromecânicos (NEMS).

Os MEMS são sistemas cujos limites escalares mínimo e máximo são de 0,1 μm e 1 mm, respectivamente. Sabe-se que MEMS são constituídos essencialmente por mecanismos flexíveis, que se movimentam sem a junção de pinos e/ou juntas. No entanto, mecanismos flexíveis utilizam a propriedade de deformação como fonte de movimento. Dentre as principais vantagens desses mecanismos está o fato de serem construídos com uma única peça: a inexistência de problemas de folga devidos à montagem de pinos, resultando na ausência de lubrificação, e também de fadiga do material.

A aplicação de mecanismos flexíveis em projetos de MEMS é quase 100%, já que, na microescala em que são fabricados, a presença de pinos e juntas torna a montagem difícil, senão impossível. Além disso, a presença de folgas não permitiria transmitir deslocamentos da ordem de nano a micrômetros gerados pelos MEMS.

Os sistemas MEMS podem ser atuados de três formas: capacitiva, piezoelétrica e eletrotermomecânica. Todas permitem que um MEMS seja atuado por meio da aplicação de um potencial elétrico. A atuação capacitiva apresenta a desvantagem da não linearidade entre a voltagem aplicada e o deslocamento gerado. A atuação piezelétrica tem as mesmas desvantagens do atuador capacitivo, além da dificuldade tecnológica de se depositar o material piezelétrico na escala do MEMS. Já a atuação eletrotermomecânica é muito utilizada nos MEMS, pois a existência de uma não linearidade entre a voltagem aplicada e o deslocamento gerado, e principalmente a facilidade de fabricação e o tempo de resposta é maior que as anteriores.

Já os NEMS possuem limites escalares mínimo e máximo de 0,1 nm e 0,1 μm, dessa forma, a sua visualização é por meio de microscópios especiais, por exemplo, o microscópio de força atômica (*Atomic Force Microscopes* – AFM). É também de conhecimento geral que os fabricantes desses produtos têm trabalhando com base em tentativa e erro, consumindo-se um tempo considerável e enorme quantidade de recursos financeiros para melhoria da resolução e do funcionamento desses microscópios.

Assim, é necessário um investimento na interface do projeto de fabricação, fornecendo um ferramental matemático e de simulações numéricas para análise do comportamento dinâmico desses sistemas. Os modelos matemáticos propostos devem concordar com o comportamento físico e com os resultados experimentais obtidos pelos dispositivos de teste. As considerações para a modelagem são as características físicas como amortecimento, inércia, elasticidade e capacitância.

Os MEMS operam em diversos domínios de energia, em particular nos domínios elétrico e elástico. Portanto, as simulações numéricas do comportamento desse tipo de mecanismo vincula as seguintes etapas: a análise elétrica, para determinar a distribuição de voltagem (tensão) no MEMS quando se aplica uma corrente elétrica, e a análise da deformação elástica gerada pela presença de cargas térmicas, que eventualmente somam-se à análise térmica, para determinar a distribuição de temperatura devida ao efeito Joule.

Na seção a seguir tratamos de dispositivos inerciais em virtude de sua extrema importância, pois são a base de dispositivos de geolocalização para aeronaves, de aviões comerciais até drones militares para reconhecimento de lugares. Outra aplicação são os automóveis autônomos.

1.2   Dispositivos inerciais

Os MEMS são microtransdutores que convertem energia elétrica em energia mecânica ou vice-versa. Esses dispositivos, quando dispostos convenientemente como microssensores e microatuadores, integram relés, pinças, osciladores, filtros, transformadores, mixers, giroscópios, acelerômetros etc.

Como são construídos por processos de fabricação por fotolitografia, é possível a sua integração com dispositivos em um único chip, sendo seu baixo custo garantido pelas técnicas de processamento em pacote. A redução de dimensão desses dispositivos traz diversos benefícios, como: espaço e massa reduzidos, menor consumo de energia e redução de custo de fabricação. Entretanto, os custos de prototipagem são elevados, pois a obtenção dos parâmetros característicos do

Introdução   19

MEMS é complexa, uma vez que as suas dimensões geométricas e as do ambiente em que operam são em escala micrométrica.

Com isso, os sensores inerciais baseados em MEMS vêm substituindo alguns dos seus precursores, pois apresentam menores tamanho, peso, consumo de energia e custo, e alta confiabilidade de operação, quando comparados com os sensores convencionais. A principal característica que ainda favorece os sensores convencionais é a precisão das medições, que ainda supera a obtida com os dispositivos MEMS, mas esta diferença vem se tornando cada vez menor. Assim, apresentaremos de forma resumida algumas características físicas para aplicarmos nesses dispositivos.

Primeiramente, definiremos que a força $\vec{F}$ que atua em um corpo exercendo uma rotação é definida como:

$$\vec{F} = 2m\Omega \times \vec{V} \tag{1.2}$$

em que m é a massa do corpo, $\vec{V}$ é o vetor de velocidade do corpo e Ω é o vetor de velocidade angular do sistema. Essa aplicação de rotação é o movimento básico de giroscópios, com a força $\vec{F}$ proveniente do chamado efeito de Coriolis.

Existem diversos tipos de estruturas mecânicas que aproveitam esse efeito. Um exemplo são os giroscópios *tuning-fork*, também denominados de tipo diapasão, que contêm um par de massas que oscilam com mesma amplitude, mas em direções opostas. Quando essas massas são rotacionadas, a força de Coriolis cria uma vibração ortogonal que pode ser medida. O uso de duas massas de prova conjugadas na configuração citada permite ao giroscópio uma maior precisão na sua medida. Essa estrutura é muito conhecida por rejeitar os efeitos da aceleração linear, em que ambas as massas se comportaram de modo idêntico. Esse problema é corrigido pelo modo diferencial da posição, em que esse efeito pode ser anulado. A operação diferencial também torna o dispositivo relativamente imune aos efeitos de vibrações externas.

Capítulo 2

Introdução aos sistemas dinâmicos

2.1 Introdução

Para dar início à modelagem matemática desses sistemas, nós precisamos determinar alguns princípios básicos para obter as equações diferenciais pertinentes ao sistema. Também precisamos determinar o princípio da mínima ação, mais conhecido como princípio de Hamilton, que estabelece o valor estacionário do sistema. Esse valor estacionário é atribuído à tendência das trajetórias no espaço de fase.

2.2 Princípio da mínima ação

O princípio da mínima ação estabelece que o sistema possui um valor estacionário (máximo, mínimo ou sela) para a trajetória que será efetivamente percorrida pelo sistema. Assim, vamos considerar o cálculo da distância entre o ponto A e o ponto B. Calcula-se a distância infinitesimal ds do comprimento infinitesimal da curva dada pela função $y(x)$, sendo definida por:

$$ds^2 = dx^2 + dy^2 \tag{2.1}$$

Reescrevendo e integrando em relação a x e no intervalo $[x_1, x_2]$ a Equação (2.1), teremos:

$$s = \int_{x_1}^{x_2} \sqrt{1 + \left(\frac{dy}{dx}\right)^2} \, dx \tag{2.2}$$

Como $\frac{dy}{dx} = y'$, teremos:

$$s = \int_{x_1}^{x_2} \sqrt{1 + y'(x)^2} \, dx \tag{2.3}$$

Assim, a equação é uma função de $y(x)$, $y'(x)$ e x e, com isso, podemos considerar a Equação (2.3). Logo, teremos:

$$s = \int_{x_1}^{x_2} f(y(x), y'(x), x) \, dx \tag{2.4}$$

Dessa forma, podemos maximizar ou minimizar a integral da Equação (2.4). A Figura 2.1 ilustra a trajetória descrita pela curva $y(x)$, que minimiza ou maximiza a Equação (2.4).

Vamos considerar a curva $\hat{y}(x)$, que também pode minimizar ou maximizar a integral, Equação (2.1), como mostra a Figura 2.1. Definimos a função $\hat{y}(x)$, que descreve uma segunda trajetória, da seguinte forma:

$$\hat{y}(x) = y(x) + \varepsilon\eta(x) \tag{2.5}$$

em que $\varepsilon \in \Re$ e $\eta(x_1) = \eta(x_2) = 0$.

Por hipótese, quando $\varepsilon = 0$, a função da Equação 2.5 torna-se $\hat{y}(x) = y(x)$, que será a função que otimiza a integral da Equação (2.4). Dessa forma, a Equação (2.4) é uma função de ε.

$$\Phi(\varepsilon) = \int_{x_1}^{x_2} f(y(x), y'(x), x) \, dx \tag{2.6}$$

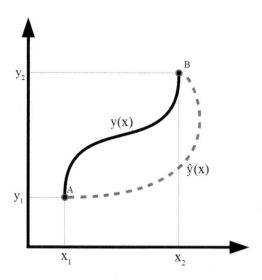

Figura 2.1: Esquema para minimização da trajetória das partículas.

Dessa forma, teremos que se $\varepsilon = 0$, a integral s possui um valor de máximo ou mínimo, o que implica que Φ também terá um máximo ou mínimo. Portanto, para determinar a otimização de s, utilizaremos:

$$\left.\frac{d\Phi(x)}{d\varepsilon}\right|_{\varepsilon=0} = 0 \tag{2.7}$$

Assim, derivando a Equação (2.6) em relação a ε, teremos:

$$\frac{d\Phi(x)}{d\varepsilon} = \int_{x_1}^{x_2} \left[\frac{\partial f}{\partial y}\eta(x) + \frac{\partial f}{\partial y'}\eta'(x)\right] dx \tag{2.8}$$

Aplicando a integração por partes na segunda parcela da Equação (2.8), teremos:

$$\int_{x_1}^{x_2} \frac{\partial f}{\partial y'}\eta'(x)dx = \left.\frac{\partial f}{\partial y'}\eta(x)\right|_{x_1}^{x_2} - \int_{x_1}^{x_2} \eta(x)\frac{d}{dx}\left(\frac{\partial f}{\partial y'}\right) dx \tag{2.9}$$

Como $\eta(x_1) = \eta(x_2) = 0$, teremos:

$$\int_{x_1}^{x_2} \frac{\partial f}{\partial y'}\eta' dx = -\int_{x_1}^{x_2} \eta(x)\frac{d}{dx}\left(\frac{\partial f}{\partial y'}\right) dx \tag{2.10}$$

Substituindo a Equação (2.10) na Equação (2.8), teremos:

$$\int_{x_1}^{x_2} \eta(x)\left[\frac{\partial f}{\partial y} - \frac{d}{dx}\left(\frac{\partial f}{\partial y'}\right)\right] dx \tag{2.11}$$

Portanto, para que a integral definida pela Equação (2.11) se anule para qualquer valor de $\eta(x)$, temos que:

$$\frac{d}{dx}\left(\frac{\partial f}{\partial y'}\right) - \frac{\partial f}{\partial y} = 0 \tag{2.12}$$

Dessa forma, nós definimos a equação de Euler-Lagrange.

2.3 Método lagrangeano

O método de Lagrange se baseia na Equação (2.12), que se constitui numa formulação alternativa para a segunda lei de Newton, $\frac{d\vec{p}}{dt} = \vec{F}$, que relaciona a variação temporal do momento de um corpo à força $\vec{F}$ que atua sobre ele. Dessa forma, reescrevemos a equação de Euler-Lagrange:

$$\frac{d}{dt}\left(\frac{\partial \mathcal{L}}{\partial \dot{q}_k}\right) - \frac{\partial \mathcal{L}}{\partial q_k} = 0 \tag{2.13}$$

em que $\mathcal{L}[q_k(t), \dot{q}_k(t)]$ é uma função escalar denominada função lagrangeana e $(q_k, \dot{q}_k)$ são as denominadas coordenadas e velocidades generalizadas, que são definidas como:

$$q_1(t), q_2(t), \ldots, q_N(t) \tag{2.14}$$
$$\dot{q}_1(t), \dot{q}_2(t), \ldots, \dot{q}_N(t)$$

Introdução aos sistemas dinâmicos   25

A função lagrangeana $\mathcal{L}$ é definida como a diferença entre a energia cinética E_c e a energia potencial E_p:

$$\mathcal{L} \equiv E_c - E_p \tag{2.15}$$

Assim, o movimento do corpo é expresso em termos de coordenadas generalizadas q_k que se relacionam com as coordenadas cartesianas (x, y, z) dessa forma:

$$x = x(q_1, q_2, q_3, t) \tag{2.16}$$
$$y = x(q_1, q_2, q_3, t)$$
$$z = x(q_1, q_2, q_3, t)$$

A tendência temporal nessas relações só existe quando há um movimento relativo entre os sistemas de coordenadas. Se ambos os sistemas são fixos, então tal dependência temporal não existe. Exemplo disso é $\Lambda[q_m(t), t]$, uma função escalar do tempo e das coordenadas generalizadas que produz exatamente a mesma dinâmica que a lagrangeana,

$$\mathcal{L}[q_m(t), \dot{q}_m(t)] + \frac{d\Lambda[q_m(t), t]}{dt} \tag{2.17}$$

uma vez que a derivada total não altera a equação de Euler-Lagrange.

É útil definir um conjunto de momentos canônicos conjugados,

$$\frac{dp_k}{dt} = \frac{\partial \mathcal{L}}{\partial q_k} \tag{2.18}$$

A Equação (2.18) mostra que o momento canônico é constante do movimento se a lagrangeana não depende explicitamente da correspondente coordenada generalizada. Para essa metodologia, podemos definir a velocidade generalizada como:

$$\dot{q}_j \equiv \frac{dq_j}{dt} \tag{2.19}$$

Dessa forma, com a Equação 2.19, a enegia cinética E_c pode ser reescrita da seguinte forma:

$$E_c = \frac{m}{2}\left[\left(\frac{dx}{dt}\right)^2 + \left(\frac{dy}{dt}\right)^2 + \left(\frac{dz}{dt}\right)^2\right] \tag{2.20}$$

Assim, vale:

$$E_C = \frac{m}{2}\sum_{k=1}^{3}\sum_{j=1}^{3} A_{kj}\frac{dq_k}{dt}\frac{dq_j}{dt} \tag{2.21}$$

em que

$$A_{kj} = \frac{\partial x}{\partial q_k}\frac{\partial x}{\partial q_j} + \frac{\partial y}{\partial q_k}\frac{\partial y}{\partial q_j} + \frac{\partial z}{\partial q_k}\frac{\partial z}{\partial q_j} \tag{2.22}$$

2.4 Método hamiltoniano

Como vimos anteriormente, o método de Lagrange nos fornece equações diferenciais de segunda ordem para as variáveis dependentes q_j. No entanto, no formalismo de Hamilton, as equações diferenciais são reescritas como duas equações diferenciais de primeira ordem.

Antes de definirmos a equação de Hamilton, precisamos estabelecer algumas definições para melhor entendimento do leitor. Dessa forma, definiremos primeiramente a transformada de Legendre.

Seja $f(x)$ diferenciável em relação às suas variáveis independentes. Assim, vamos admitir que desejamos encontrar uma função $h(x)$ que possa ser expressa em termos de $\frac{dh(x)}{dx} = \alpha$ e que seja equivalente a $f(x)$. Então, teremos que:

$$\alpha = \frac{f(x) - h(x)}{x} \tag{2.23}$$

Logo:

$$h(x) = f(x) - \alpha x \tag{2.24}$$

Introdução aos sistemas dinâmicos 27

A função $h(x)$ é denominada transformada de Legendre de $f(x)$. A transformada de Legendre possui muitas aplicações, como na termodinâmica, área que tem por objetivo o estudo dos sistemas constituídos por *infinitos* entes físicos, ou seja, quando o número de moléculas tende ao infinito ($N \to \infty$).

Considere que o momento generalizado p_j seja definido pela velocidade generalizada $\dot{q}_j$. Dessa forma:

$$p = \frac{\partial \mathcal{L}}{\partial \dot{q}} \tag{2.25}$$

Aplicando a transformada de Legendre, Equação 2.24, na equação de Lagrange, teremos:

$$\mathcal{L} - \sum_j p_j \dot{q}_j \tag{2.26}$$

Assim, podemos definir a função hamiltoniana da seguinte forma:

$$H(\vec{q}, \vec{p}, t) \equiv \sum_j p_j \dot{q}_j - \mathcal{L}(\vec{q}, \vec{\dot{q}}, t) \tag{2.27}$$

Então, obtemos a relação entre $\vec{\dot{q}}$ e $\vec{q}$, $\vec{p}$, t a partir da definição generalizada. Logo, teremos:

$$dH = \sum_j p_j d\dot{q}_j + \sum_j \dot{q}_j dp_j - \sum_j \frac{\partial \mathcal{L}}{\partial q_j} dq_j - \sum_j \frac{\partial \mathcal{L}}{\partial \dot{q}_j} d\dot{q}_j - \frac{\partial \mathcal{L}}{\partial t} dt \tag{2.28}$$

Desse modo, utilizando as definições de momento generalizado, o primeiro e o quarto termos da Equação (2.28) se cancelam. Portanto, obtemos as denominadas equações canônicas de Hamilton:

$$\frac{dq_j}{dt} = \frac{\partial H}{\partial p_j} \tag{2.29}$$

$$-\frac{dp_j}{dt} = \frac{\partial H}{\partial q_j}$$

$$-\frac{\partial H}{\partial t} = \frac{\partial \mathcal{L}}{\partial t}$$

2.4.1 Exemplo: vibração unidimensional da corda

Na Figura 2.2, temos um exemplo de uma corda engastada e livre para oscilar verticalmente.

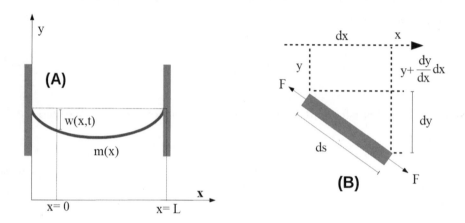

Figura 2.2: (A) Corda de tamanho L engastada nas duas extremidades. (B) Diferencial ds da corda e força de tração F.

A Figura 2.2.B ilustra uma parte infinitesimal da corda de comprimento dx, com distância y do eixo x e com uma força de tração F. Considerando o princípio de Hamilton, temos:

$$A = \int_{t_1}^{t_2} \mathcal{L} dt \tag{2.30}$$

Se $\delta A = 0$, teremos:

$$\delta A = \delta \int_{t_1}^{t_2} \mathcal{L} \equiv 0 \tag{2.31}$$

Considerando a equação de Lagrange, $\mathcal{L} = E_c - E_p$, em que E_c é a energia cinética no instante t, e E_p, a energia potencial na posição x e no tempo t, teremos que a energia cinética é definida por:

$$E_c(x,t) = \frac{1}{2} \int_0^C m(x) \left[\frac{\partial y(x,t)}{\partial t}\right]^2 dx \tag{2.32}$$

Com base na Figura 2.2.B, teremos:

$$ds^2 = dy^2 + dx^2 \therefore ds = \sqrt{dy^2 + dx^2} \tag{2.33}$$

e

$$dy = \left[y(x,t) + \frac{\partial y(x,t)}{\partial x} \right] - dy \tag{2.34}$$

A variação do comprimento da corda é dada por:

$$\delta c = ds - dx \tag{2.35}$$

Assim, substituindo na Equação (2.35) a Equação (2.34), teremos:

$$\delta c = \sqrt{\left[1 + \left(\frac{\partial y(x,t)}{\partial t} \right)^2 \right]} dx - dx \tag{2.36}$$

Utilizando a expansão de Taylor na seguinte equação:

$$\sqrt{1 + \left(\frac{\partial y(x,t)}{\partial t} \right)^2} \approx 1 + \frac{1}{2} \left(\frac{\partial y(x,t)}{\partial t} \right)^2 \tag{2.37}$$

Substituindo a Equação (2.37) na Equação (2.38), teremos:

$$\delta c \approx \frac{1}{2} \left(\frac{\partial y(x,t)}{\partial t} \right)^2 dx \tag{2.38}$$

Portanto, podemos descrever a energia potencial da seguinte forma:

$$E_p(x,t) = \frac{1}{2} \int_0^C F \left(\frac{\partial y(x,t)}{\partial x} \right)^2 dx \tag{2.39}$$

Retomando a equação de Hamilton, Equação (2.30), e substituindo as equações das energias potencial e cinética, teremos:

$$A = \frac{1}{2} \int_{t_1}^{t_2} \int_0^C \left\{ m(x) \left(\frac{\partial y(x,t)}{\partial t} \right)^2 - F \left(\frac{\partial y(x,t)}{\partial x} \right)^2 \right\} dx dt \qquad (2.40)$$

Considerando as condições de contorno $\delta y(x,t_1) \equiv 0$ e $\delta y(x,t_2) \equiv 0$,

$$\delta A = \delta \frac{1}{2} \int_{t_1}^{t_2} \int_0^C m(x) \left(\frac{\partial y(x,t)}{\partial t} \right)^2 - F \left(\frac{\partial y(x,t)}{\partial x} \right)^2 dx dt \qquad (2.41)$$

Considerando $u = m(x) \frac{\partial y(x,t)}{\partial t}$ e $v = \delta y(x,t)$, integrando por partes o primeiro termo da Equação (2.41) e considerando as condições de contorno, teremos:

$$\int_{t_1}^{t_2} m(x) \delta \left(\frac{\partial y(x,t)}{\partial t} \right)^2 dt = - \int_{t_1}^{t_2} m(x) \frac{\partial^2 y(x,t)}{\partial t^2} \delta y(x,t) dt \qquad (2.42)$$

Para o segundo termo, consideramos $u = F \left(\frac{\partial y(x,t)}{\partial x} \right)$ e $v = \delta y(x,t)$. Assim,

$$\begin{aligned}
\int_0^C F \delta \left(\frac{\partial y(x,t)}{\partial x} \right)^2 dx &= \left. F \left(\frac{\partial y(x,t)}{\partial x} \right) \delta y(x,t) \right|_0^C \\
&\quad - \int_0^C F \left(\frac{\partial^2 y(x,t)}{\partial x^2} \right) \delta y(x,t) dx
\end{aligned} \qquad (2.43)$$

Dessa forma, substituindo as Equações (2.42) e (2.44) na Equação (2.41):

$$\begin{aligned}
\delta A &= - \int_{t_1}^{t_2} \int_0^C F \left(\frac{\partial^2 y(x,t)}{\partial x^2} - m(x) \frac{\partial^2 y(x,t)}{\partial t^2} \right) \delta y(x,t) dx dt \qquad (2.44) \\
&\quad - \left. F \left(\frac{\partial y(x,t)}{\partial x} \delta y(x,t) \right) \equiv 0 \right|_0^C
\end{aligned}$$

Assim, uma das soluções que satisfazem a equação anterior, originada pelo princípio de Hamilton, é dada por:

$$F \frac{\partial^2 y(x,t)}{\partial x^2} - m(x) \frac{\partial^2 y(x,t)}{\partial t^2} \equiv 0 \qquad (2.45)$$

$$-F\left(\frac{\partial y(x,t)}{\partial y}\right)\bigg|_0^C \equiv 0 \tag{2.46}$$

sendo $\delta y(x,t)\big|_0^C = \delta y(C,t) - \delta y(0,t)$.

Podemos observar que a Equação (2.45) é a equação de onda do sistema que descreverá o comportamento dinâmico da corda. Para uma análise mais profunda da função $y(x,t)$, é necessário determiná-la. Uma das formas é pelo método de separação de variáveis. Então, vamos considerar que $y(x,t)$ seja uma função contínua que depende do tempo t e da posição x. Desse modo, podemos escrever a função $f(x,t)$ como o produto da parte espacial $z(x)$ e da temporal $f(t)$:

$$y(x,t) = z(x).f(t) \tag{2.47}$$

Dessa forma, as derivadas de segunda ordem são dadas por:

$$\frac{\partial^2 y(x,t)}{\partial x^2} = f(t)\frac{d^2 z(x)}{dx^2}$$
$$\frac{\partial^2 y(x,t)}{\partial t^2} = z(x)\frac{d^2 f(t)}{dt^2} \tag{2.48}$$

Logo, substituindo juntamente com as derivadas na Equação (2.45),

$$Ff(t)\frac{d^2 z(x)}{dx^2} = m(x)z(x)\frac{d^2 f(t)}{dt^2} \tag{2.49}$$

Dividindo essa equação por $f(t).z(x)$, teremos:

$$\frac{F}{z(x)}\frac{d^2 z(x)}{dx^2} = \frac{m(x)}{f(t)}\frac{d^2 f(t)}{dt^2} \tag{2.50}$$

De maneira conveniente, tomaremos a constante de proporcionalidade $cte = -\omega^2$. Assim, podemos reescrever a Equação (2.50) como:

$$\frac{F}{m(x)z(x)}\frac{d^2 z(x)}{dx^2} = \frac{1}{f(t)}\frac{d^2 f(t)}{dt^2} = -\omega^2 \tag{2.51}$$

Dessa forma, teremos:

$$\frac{d^2 z(x)}{dx^2} - \frac{m(x)\omega^2}{F} z(x) = 0 \tag{2.52}$$
$$\frac{d^2 f(t)}{dt^2} + \omega^2 f(t) = 0$$

Fazendo $\beta^2 = \frac{\omega^2 m(x)}{F}$ e reescrevendo as equações anteriores, teremos:

$$\frac{d^2 z(x)}{dx^2} + \beta^2 z(x) = 0 \tag{2.53}$$
$$\frac{d^2 f(t)}{dt^2} + \omega^2 f(t) = 0$$

Ambas as equações possuem soluções analíticas da seguinte forma:

$$f(t) = Rcos(\omega t + \phi) \tag{2.54}$$
$$z(x) = C_1 sen(\beta x) + C_2 cos(\beta x)$$

Considerando as condições de contorno do sistema:

$$F\frac{\partial z(C)}{\partial x} = F\frac{\partial z(0)}{\partial x} = 0 \tag{2.55}$$
$$y(0,t) = 0 \; ; \; z(0) = 0$$

e também que $z(C) = 0$ e a corda não vibra, o que não satisfaz a solução do problema, teremos:

$$sen(\beta C) = 0 \tag{2.56}$$

Para que a Equação (2.56) seja nula, teremos que satisfazer:

$$\beta_n C = n\pi \therefore C = \frac{n\pi}{\beta_n} \tag{2.57}$$

Como:

$$\omega^2 = \frac{F\beta^2}{m(x)\pi}\beta_n \tag{2.58}$$

Introdução aos sistemas dinâmicos 33

substituindo a Equação (2.58) na Equação (2.57), teremos:

$$\omega_n = n\pi \sqrt{\frac{F}{m(x)C^2}} \tag{2.59}$$

em que $n = 1, 2, 3, ...$Ou seja, a frequência natural de vibração da corda depende do comprimento da corda, da massa e da força de tração. A superposição das soluções fornece que:

$$y(x,t) = \sum_{m=1}^{\infty} c_m sen(n\pi x/L)c_m cos(n\pi x/L) \tag{2.60}$$

Com base na condição de ortogonalidade, teremos que:

$$c_m = \frac{2}{L} \int_0^L f(x)sen\left(\frac{m\pi x}{L}\right) dx \tag{2.61}$$

sendo as frequências naturais da corda definidas como $\frac{m\pi x}{L}$.

Capítulo 3

Métodos numéricos aplicados à dinâmica

3.1 Introdução

Neste capítulo apresentaremos o ferramental matemático e computacional utilizado na análise de sistemas dinâmicos não lineares constituídos por equações diferenciais. Em virtude da complexidade dos sistemas não lineares, faz-se necessário caracterizar o comportamento global do sistema. Dessa forma, apresentamos a noção fundamental em teoria de sistemas dinâmicos que é o conceito de atrator. Começaremos com a definição de ponto fixo e ciclo limite, até chegarmos à obtenção das propriedades de atratores caóticos. A fim de descrever esses comportamentos introduziremos as análises clássicas de espectro de frequência, mapa de Poincaré e expoentes de Lyapunov. Mapas de Poincaré permitem reduzir a dimensão de um sistema, enquanto expoentes de Lyapunov medem a divergência de trajetórias a partir de condições iniciais próximas. Além dessas ferramentas clássicas, apresentaremos uma nova ferramenta binária eficaz e confiável para testar se um sistema é caótico ou não, chamada de teste 0-1.

3.2 Sistemas dinâmicos autônomos e não autônomos

Um sistema dinâmico de ordem n é formado por n equações diferenciais autônomas de primeira ordem, definido como segue:

$$\dot{x} = f(x), x(t_0) = x_0 \tag{3.1}$$

em que $\dot{x} = \frac{dx}{dt}$, $f : E \to \Re^n$, é chamado de campo de vetores; E é um subconjunto de $\Re^n$, $x \in E \subseteq \Re^n$ e $x_0 \in E$. O sistema de equações diferenciais na forma da Equação (3.1), em que f não depende explicitamente da variável independente t (usualmente t denota o tempo), é chamado de equação não autônoma; o tempo inicial t_0 pode ser tomado como $t_0 = 0$.

O termo solução do sistema da Equação (3.1) significa um mapa $\phi_t : E \to \Re^n$, em que $\phi_t(x) = \phi(t, x)$ é uma função contínua definida para todo x em E em algum intervalo $I = (a, b) \subseteq \Re$, tal que $\phi(t, x)$ satisfaz a Equação (3.1) para todo $t \in I$, isto é:

$$\frac{d}{dt}\phi(t, x) = f(\phi(t, x)) \tag{3.2}$$

O mapa ϕ_t é chamado de fluxo gerado pelo campo vetorial f. Além disso, o conjunto de pontos $\phi_t(x, t) : I \to \Re^n$ é chamado de curva solução, trajetória ou órbita que passa pelo ponto x_0.

Considere agora o seguinte sistema de equações diferenciais ordinárias de primeira ordem:

$$\dot{x} = f(x, t), \quad x(t_0) = x_0 \tag{3.3}$$

em que onde $f : E \times \Re \to \Re^n$, a variável t é um escalar e $t \in \Re$. O sistema de equações diferenciais na forma da Equação (3.3), em que f depende explicitamente de t, é chamado de equação não autônoma. Qualquer sistema não autônomo, Equação (3.3), com $x \in E$ pode ser transformado em um sistema autônomo, Equação (3.1), com $x \in E \times \Re^n$ simplesmente considerando $x_{n+1} = t$ e $\dot{x}_{n+1} = 1$.

O conjunto E é chamado de espaço de fase. Na maioria dos casos, $E = \Re^n$. Além disso, a dimensão do espaço de fase da Equação (3.1) é n (número de equações diferenciais de primeira ordem do sistema). No caso da Equação (3.3), o espaço é $(n + 1)$-dimensional ($E \times \Re$), em que a dimensão adicional corresponde a t, e frequentemente chamado de espaço de fase estendido.

Exemplo 1: Considere a equação do oscilador harmônico:

$$\ddot{x} + x = 0$$

A equação é autônoma e, para determinar a equação vetorial correspondente, faremos $x = x_1$, $\dot{x} = x_2$ para obter:

$$\begin{cases} \dot{x}_1 = x_2 \\ \dot{x}_2 = -x_1 \end{cases}$$

Sabe-se que as soluções da equação escalar são combinações lineares de $A cos t$ e $B sen t$, em que $A, B \in \Re$ são constantes que dependem das condições iniciais. As soluções podem ser projetadas sobre o plano $x, \dot{x}$, que é chamado de plano de fase, e portanto é fácil verificar que, neste caso, o espaço de fase é $E = \Re^2$. A Figura 3.1a mostra o plano de fase, enquanto a Figura 3.1b ilustra o plano de fase estendido ($E = \Re^2 \times \Re$).

Como observado, na Equação (3.1), o tempo não aparece explicitamente. Podemos, dessa forma, realizar essa projeção para as soluções da equação autônoma geral, Equação (3.3). O espaço em que descrevemos o comportamento das variáveis $x_1, \ldots, x_n$, parametrizadas por t, é chamado de espaço de fase.

A Equação (3.1), escrita em termos de componentes, torna-se:

$$\dot{x}_i = f(x_i), \quad i = 1, \ldots, n \qquad (3.4)$$

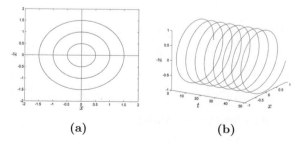

(a) \qquad\qquad (b)

Figura 3.1: Solução (órbitas) do oscilador harmônico: (a) plano de fase e (b) plano de fase estendido.

Utilizaremos uma das componentes de x, por exemplo x_1, como uma nova variável; isso requer que $f_1(x) \neq 0$. Usando a regra da cadeia, obtemos $(n-1)$ equações:

$$\begin{cases} \frac{dx_2}{dx_1} = \frac{f_2(x)}{f_1(x)} \\ \quad \vdots \quad \vdots \\ \frac{dx_n}{dx_1} = \frac{f_n(x)}{f_1(x)} \end{cases} \tag{3.5}$$

As soluções da Equação (3.5) no plano de fase são chamadas de órbitas. O teorema de existência e unicidade de soluções aplicado a equações autônomas, Equações (3.1) e (3.5), diz que as órbitas no espaço de fase não se cruzam. Para obter a Equação (3.5), assumimos que $f_1(x) \neq 0$. Se $f_1(x) = 0$ e $f_2(x) \neq 0$, podemos tomar x_2 como uma variável independente, e assim trocamos $f_1(x)$ por $f_2(x)$. Se os zeros de $f_1(x)$ e $f_2(x)$ coincidem, podemos adotar x_3 como variável independente etc. Em problemas reais essa construção é impossível no ponto $\overline{x} = (\overline{x_1}, \ldots, \overline{x_n})$, tal que:

$$f_1(\overline{x}) = f_2(\overline{x}) = \ldots f_n(\overline{x}) = 0$$

Teorema 1. *O ponto $\overline{x} \in \Re$ em que $f(\overline{x}) = 0$ é chamado de ponto fixo (ou ponto de equilíbrio) da Equação (3.1).*

3.3   Estabilidade local

Podem-se encontrar na literatura de sistemas dinâmicos algumas definições para estabilidade. A que apresentaremos aqui é a definição de estabilidade segundo Lyapunov.

Teorema 2. *Seja $\phi_t(x)$ solução da Equação (3.1) definida para $t \geq 0$. Diz-se que $\phi_t(x)$ é Lyapunov estável se, dado um número pequeno $\epsilon > 0$, existir um número $\delta(\epsilon) > 0$ tal que qualquer outra solução $\psi_t(x)$ em que $\|\phi_0(x) - \psi_0(x)\| < \delta$ satisfaz $\|\phi_t(x) - \psi_t(x)\| < \epsilon$ para todo $t \geq 0$. Além disso, se $\lim\limits_{t \to +\infty} \|\phi_t(x) - \psi_t(x)\| = 0$, então $\phi_t(x)$ é dito assintoticamente estável.*

A Figura 3.2 ilustra ambos os casos, ou seja, quando $\phi_t(x)$ é estável (Figura 3.2a) e quando $\phi_t(x)$ é assintoticamente estável (Figura 3.2b).

Métodos numéricos aplicados à dinâmica

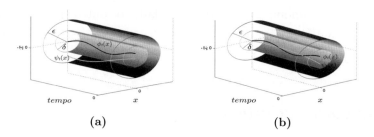

Figura 3.2: (a) Solução estável e (b) solução assintoticamente estável.

Além de verificar se a solução $\phi_t(x)$ da Equação (3.1) é estável ou não, também é possível caracterizar a estabilidade de pontos fixos. Portanto, apresentamos a seguir as principais definições relativas à estabilidade de ponto fixo.

Teorema 3. *Um ponto fixo $\overline{x}$ da Equação (3.1) é estável se, dado um número pequeno $\epsilon > 0$, existir um número $\delta(\epsilon) > 0$ tal que, para toda condição inicial x_0 satisfazendo $\|x_0 - \overline{x}\| < \delta$, tem-se $\|\phi_t(x_0) - \overline{x}\| < \epsilon$ para todo $t \geq 0$.*

Teorema 4. *Um ponto fixo $\overline{x}$ da Equação (3.1) é instável se ele não é estável.*

Teorema 5. *O ponto fixo $x = \overline{x}$ da Equação (3.1) é chamado de atrator se existe uma vizinhança $\Omega_{\overline{x}} \subset \Re^n$ de $x = \overline{x}$ tal que $x(t_0) \in \Omega_{\overline{x}}$ implica $\lim_{x \to +\infty} x(t) = \overline{x}$. Por outro lado, se o ponto fixo $x = \overline{x}$ tem esta propriedade quando $\lim_{x \to -\infty} x(t) = \overline{x}$, então $x = \overline{x}$ é dito um repulsor.*

Teorema 6. *O ponto fixo $x = \overline{x}$ da Equação (3.1) é assintoticamente estável se for estável e atrativo.*

Exemplo 2: Aqui vamos caracterizar a estabilidade de Lyapunov das soluções do seguinte sistema:

$$\begin{cases} \frac{dx}{dt} = x(1 - x - y) \\ \frac{dy}{dt} = y(0,75 - y - 0,5x) \end{cases}$$

A Figura 3.3 mostra o plano de fase e o campo de direções desse sistema, que possui quatro pontos fixos, a saber: $(0,0), (0,0,75), (1,0), (0,5,0,5)$, representados pelos pontos em vermelho na figura. Note que pelas definições 3-6, o único ponto assintoticamente estável (atrator) do sistema é o ponto $(0, 5, 0, 5)$, pois quando $t \to +\infty$ as soluções tendem a ele. Por outro lado, os outros pontos de equilíbrio são instáveis (repulsores), pois qualquer trajetória começando suficientemente próximas a eles se afastam deles quando $t \to +\infty$.

3.4 Soluções periódicas

Teorema 7. *Seja $\phi(t,x)$ solução de um dado sistema dinâmico. Dizemos que essa solução é periódica com período mínimo $T > 0$ se, para todo $t \in \Re$,*

$$\phi(t,x) = \phi(t+T,x) \tag{3.6}$$

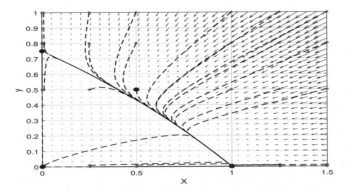

Figura 3.3: Plano de fase do Exemplo 2.

Uma solução periódica é chamada de ciclo limite se existe uma vizinhança desta na qual não haja ponto pertencente a nenhuma outra órbita periódica. Em outras palavras, um ciclo limite é uma solução periódica isolada correspondendo a uma órbita fechada isolada no espaço de fase.

Proposição 1. *Seja γ um ciclo limite. Se Ω é uma vizinhança suficientemente pequena de γ, então temos as seguintes possibilidades:*

1. *γ é estável se $q \in \Omega \Rightarrow \lim_{t \to +\infty} \|\phi(t,q) - \gamma\| = 0$.*

2. *γ é instável se $q \in \Omega \Rightarrow \lim_{t \to -\infty} \|\phi(t,q) - \gamma\| = 0$.*

Métodos numéricos aplicados à dinâmica   41

3. γ *é semiestável se* $q \in \Omega$, *q exterior a* $\gamma \Rightarrow \lim\limits_{t \to +\infty} \|\phi(t,q) - \gamma\| = 0$; $q \in \Omega$, *q interior a* $\gamma \Rightarrow \lim\limits_{t \to -\infty} \|\phi(t,q) - \gamma\| = 0$, *ou vice-versa.*

Quando o caso 1 acontece, dizemos que o ciclo limite estável é um atrator periódico; por outro lado, no caso 2 diz-se que o ciclo limite instável é um repulsor. Quando se considera um espaço com duas dimensões, é possível mostrar que as órbitas de um sistema não linear movem-se (em espiral) em direção a uma curva fechada ou a um ciclo limite.

Teorema 8. [Poincaré-Bendixon] *Suponha que a órbita* $\phi(t,x)$ *de um sistema autônomo (bidimensional),*

$$\dot{x} = f(x), \quad x \in \Re^2 \tag{3.7}$$

permanece em um domínio compacto $D \subset \Re^2, \forall t \geq 0$. *Então, uma das seguintes afirmações é satisfeita:*

1. $\phi(t,x)$ *é uma solução periódica do sistema.*

2. $\phi(t,x)$ *tende em direção a uma solução periódica.*

3. $\phi(t,x)$ *tende em direção a um ponto fixo.*

[Critério de Bendixon] *Se em um domínio compacto* $D \subset \Re^2$ *a expressão*

$$\nabla \cdot f \equiv \sum_{i=1}^{2} \frac{\partial f_i}{\partial x_i} \tag{3.8}$$

não é identicamente nula ou não muda de sinal, então o sistema $\dot{x} = f(x)$ *não tem nenhuma órbita periódica no interior de D.*

3.5   Soluções quasi-periódicas

A solução de um sistema dinâmico composto por órbitas quasi-periódicas é caracterizada por uma combinação de duas uma mais órbitas periódicas com frequências incomensuráveis. A saber, duas frequências ω_1 e ω_2 são incomensuráveis se $\frac{\omega_1}{\omega_2}$ resulta em um número irracional. Pode-se estender esse conceito para n frequências, ou seja, dizemos que as n frequências, $w_1, w_2, \ldots, w_n$, são incomensuráveis se a equação

$$m_1 w_1 + m_2 w_2 + \ldots m_n w_n = 0 \tag{3.9}$$

é satisfeita somente quando cada um dos $m_i (i = 1, \ldots, n)$ é zero.

Se a solução de um sistema dinâmico apresenta k frequências incomensuráveis, então a solução é chamada de solução quasi-periódica de período k. Uma órbita periódica com duas frequências incomensuráveis situa-se em um 2-toro $T^2 = S^1 \times S^1$, em que S^1 denota o círculo (que é muitas vezes referido como um 1-toro, T^1, gerado por cada uma das frequências), como ilustra a Figura 3.4.

Figura 3.4: Comportamentos quasi-periódicos ocorrem sobre o toro $S^1 \times S^1$.

3.6 Soluções caóticas

Além de pontos fixos, órbitas periódicas e quasi-periódicas, sistemas dinâmicos podem apresentar órbitas irregulares confinadas que não se encaixam em nenhuma dessas categorias. Tais órbitas receberam o nome de caóticas. Uma definição formal de sistemas caóticos é fornecida por Devaney. As definições a seguir foram formuladas para mapas representados por uma função f.

Teorema 9. [Definição de caos – Devaney] *Seja V um conjunto. Um mapa contínuo $f : V \to V$ é dito caótico em V se:*

1. *f é topologicamente transitivo: para qualquer par de conjuntos não vazios $U, W \subset V$ existe $k > 0$ tal que $f^k(u) \cap W \neq \emptyset$.*

2. *Os pontos periódicos de f são densos em V.*

3. *f apresenta sensibilidade a condições iniciais: existe um $\delta > 0$ tal que, para qualquer $x \in V$ e qualquer vizinhança N de x, há um $y \in N$ e um $n \geq 0$ tal que $|f^n(x) - f^n(y)| > \delta$.*

Ainda não há uma definição matematicamente rigorosa para o caos, embora a definição de Devaney seja a mais popular. Contudo, pode-se dizer que as seguintes características quase sempre são exibidas pelas soluções de sistemas caóticos:

Métodos numéricos aplicados à dinâmica

1. Comportamento aperiódico (não periódico) a longo prazo.

2. Sensibilidade às condições iniciais.

3. Estrutura fractal.

Exemplo 3: Considere o oscilador de Duffing:

$$\ddot{x} + \mu\dot{x} - x + \beta x^3 = F\cos(\omega t) \tag{3.10}$$

em que μ, β, F e ω são todas constantes. Considerando $\mu = 0,1$, $\beta = 1,0$, $F = 0,3425$ e $\omega = 1,4$, pode-se ver na Figura 2.5 que a resposta do sistema mostra um comportamento aparentemente randômico. Esse tipo de comportamento pode ser classificado como caótico. Um exemplo de atrator estranho é encontrado na Figura 3.5b. Pelo que vimos anteriormente, esse sistema pode ser classificado como caótico pois apresenta sensibilidade a condições iniciais como mostra a Figura 2.6, isto é, as duas trajetórias que começam próximas divergem com o passar do tempo.

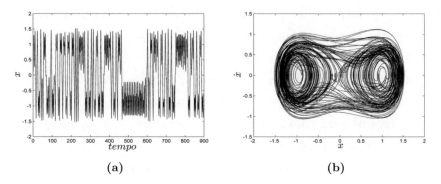

Figura 3.5: Comportamento caótico do oscilador de Duffing: (a) histórico no tempo e (b) plano de fase.

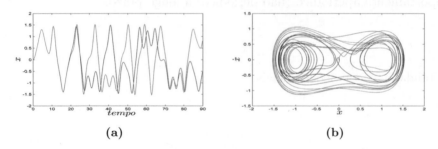

Figura 3.6: Sensibilidade a condições iniciais considerando as condições iniciais $(x_0, \dot{x}_0) = (0,0)$ (preto) e $(x_0, \dot{x}_0) = (0, 0001, 0)$ (vermelho): (a) histórico no tempo e (b) plano de fase.

3.7 Mapa de Poincaré

O mapa de Poincaré é uma ferramenta clássica utilizada na análise de sistemas dinâmicos. A ideia principal dessa ferramenta desenvolvida por Henri Poincaré é transformar o fluxo de um sistema contínuo de ordem n em um mapa de ordem $(n-1)$. A vantagem da utilização dessa transformação é ter um melhor entendimento da dinâmica global do sistema.

Pode-se construir o mapa da Poincaré da seguinte maneira. Consideremos ϕ_t o fluxo da Equação (3.1) e um conjunto de hipersuperfícies $\Sigma = \{\Sigma_m, m \in Z\}$ de dimensão $(n-1)$, cada uma delas transversal ao fluxo. Seja γ uma trajetória do fluxo $\phi_t(x_0)$ que cruza inúmeras vezes o conjunto Σ, de forma que um novo conjunto de pontos $A_\gamma = \{\ldots, x_{i-1}, x_i, x_{i+1}, \ldots\}$ possa ser construído. O mapa $P : \Sigma \to \Sigma$ tal que $P(x_i) = x_{i+1}$ é chamado de mapa de Poincaré.

Consideremos agora um sistema autônomo de ordem n dado pela Equação (3.3). Se o vetor $f(x,t)$ nessa equação é periódico com período T com relação ao tempo, então a solução da Equação (3.3) tem um período que pode ser tanto um múltiplo ou um submúltiplo inteiro do período T. Dessa forma, esse período pode ser usado para construir uma seção de Poincaré. Esses planos, ou seções de Poincaré, são usados para construir um mapa estroboscópico do fluxo. Esse nome é dado porque tal mapa consiste em observar o sistema em tempos discretos. Neste caso, a seção de Poincaré pode ser definida como segue:

$$\Sigma := \left\{ (x, \theta) \in \Re^n \times S^1 \mid \theta = \frac{2\pi(t-t_0)}{T} (mod\ 2\pi) \right\} \qquad (3.11)$$

Começando no valor de tempo inicial $t = t_0$ e após cada período T, a órbita $x(t)$ intercepta a seção de Poincaré Σ definida na Equação (3.11), como ilustra a Figura 3.7a, gerando uma coleção de pontos (em vermelho) sobre a seção de Poincaré. Esse conjunto de pontos forma o mapa estroboscópico quando projetado no plano $(x, \dot{x})$ (veja a Figura 2.7b).

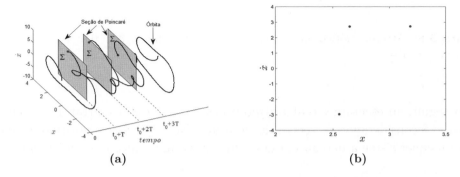

(a) (b)

Figura 3.7: Seção de Poincaré Σ de uma órbita de um sistema autônomo bidimensional com termos periódicos: (a) espaço $(x, \dot{x}, t)$ e (b) espaço de fase $(x, \dot{x})$.

Na Figura 3.8 é exibido o mapa estroboscópico para o oscilador de Duffing (Exemplo 3) considerando $\mu = 0, 1$, $\beta = 1, 0$, $F = 0, 3425$ e $\omega = 1, 4$. Esta seção de Poincaré mostra um comportamento caótico para o sistema, pois a órbita do sistema nunca voltará à mesma posição $(x, \dot{x})$. O movimento ilustrado na Figura 3.8 apresenta uma variação complicada de pontos, o que é esperado para o movimento caótico. Nestes casos temos movimentos aperiódicos, o que é uma característica do caos determinístico. O oscilador de Duffing é um sistema dissipativo, pois $\nabla \cdot f < 0$, Equação (3.8), assim, em sistemas dissipativos há um conjunto de pontos (atratores) ou um ponto em que o movimento converge. Em sistemas caóticos, as trajetórias próximas no espaço de fase estão continuamente divergindo uma da outra seguindo o atrator (veja Figura 3.6). Por causa desses atratores, chamados de atratores estranhos ou caóticos, os movimentos no espaço de fase são necessariamente limitados. Os atratores criam padrões complexos, dobrando e esticando as trajetórias, e isso ocorre porque nenhuma trajetória se cruza no espaço de fase.

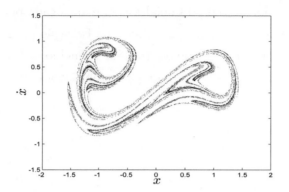

Figura 3.8: Atrator caótico da equação de Duffing tomando $\mu = 0,1$, $\beta = 1,0$, $F = 0,3425$ e $\omega = 1,4$.

A seguir, apresentamos o algoritmo utilizado para obter o atrator caótico da Figura 3.8 considerando as seções de Poincaré. Note que este algoritmo é válido para qualquer sistema não autônomo com $f(x,t)$ uma função periódica em t.

Algoritmo 1: Mapa de Poincaré

Entradas: valores dos parâmetros do sistema dinâmico – ω: frequência da função harmônica; h: passo do integrador; x_0: condição inicial; p: parâmetro para ajustar o valor de h ($p \in \mathbb{N}$); t_0: tempo inicial; t_f: tempo final de integração; n: número de seções de Poincaré necessárias para construir o atrator.

Saídas: pontos da seção de Poincaré.

1. Defina $h = \frac{2\pi}{p\omega}$

2. Defina $t = [t_0 : h : t_f]$

3. Defina N como sendo o tamanho do vetor t

4. **for** k **de** 0 **para** N **faça**

5.   integrador(x_k); resultando $x_k \to x_{k+1}$

6. **end for**

7. **for** i **de** 1 **para** n **faça**

8. $x_i = x_{(i*p)}$

9. **end for**

3.8 Expoentes de Lyapunov

Como mencionado anteriormente, um sistema dinâmico não linear pode apresentar diferentes comportamentos dinâmicos, gerando dessa forma um rico cenário de soluções como: soluções oscilatórias isoladas (ciclos limites), quasi-periodicidade (soluções na superfície de toros) e caos (atratores estranhos). Uma forma de classificar esses comportamentos é por meio dos expoentes de Lyapunov, que fornecem informações de contração ou expansão de trajetórias próximas a seus respectivos atratores. O expoente de Lyapunov pode ser utilizado para avaliar a sensibilidade do sistema a condições iniciais.

Aqui descreveremos o cálculo dos expoentes de Lyapunov da seguinte maneira: considere que duas condições iniciais próximas $x_1(t_0)$ e $x_2(t_0)$ de um dado sistema dinâmico estão localizadas dentro de uma esfera de raio δ, e que a distância entre elas é $d(t_0)$, ou seja, $\|x_1(t_0) - x_2(t_0)\| = d(t_0)$, com $d(t_0) < \delta$. Após um determinado instante de tempo t, esses dois pontos se moverão ao longo de suas respectivas trajetórias, de forma que a distância entres eles é $d(t)$ (veja a Figura 3.9). Então, a evolução dessas duas distâncias pode ser calculada como:

$$d_i(t) = d_i(t_0)e^{\lambda(t-t_0)} \tag{3.12}$$

em que $i = 1, 2, 3, \ldots, n$. Para t tendendo ao infinito, λ_i converge para um valor limitado. Este valor λ_i é o que chamamos de expoentes de Lyapunov.

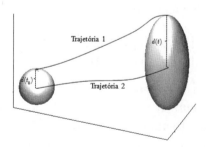

Figura 3.9: Descrição do princípio dos expoentes de Lyapunov.

De posse da Equação (3.12), vamos supor que, no instante t_0, o volume da hiperesfera é $V(t_0)$ e que, para qualquer instante de tempo $t > t_0$, o volume $V(t)$ é proporcional ao produto das distâncias $d_i(t)$, isto é,

$$V(t) \propto \prod_{i=1}^{N} d_i(t) \tag{3.13}$$

Substituindo a Equação (3.13) na Equação (3.12), obtém-se:

$$V(t) = V(t_0)e^{\left[(t-t_0)\sum_{i=1}^{N}\lambda_i\right]} \tag{3.14}$$

Em sistemas dissipativos, para que as soluções de um sistema dinâmico permaneçam dentro de um espaço compacto, o efeito de contração do atrator deve se sobrepor ao efeito de expansão, ou seja,

$$\sum_{i=1}^{N}\lambda_i < 0 \tag{3.15}$$

Por exemplo, para um sistema dissipativo no espaço do $\Re^3$, obtém-se o seguinte espectro de expoentes de Lyapunov: $(\lambda_1, \lambda_2, \lambda_3)$, com $|\lambda_3| > |\lambda_1|$. Para tal sistema dinâmico ser caótico deve ocorrer que $(+, 0, -)$; um comportamento quasi-periódico (toro) acontece quando $(0, 0, -)$; e o comportamento periódico (ciclo limite) é obtido quando $(0, -, -)$. Agora, apresentaremos a abordagem de Wolf para o cálculo dos expoentes de Lyapunov a partir do conhecimento do modelo matemático.

Dado um sistema não autônomo N-dimensional, Equação (3.1), o cálculo dos expoentes de Lyapunov é feito verificando as divergências locais relativas a N vetores ortonormais dados por:

$$\{\alpha_1, \alpha_2, \dots, \alpha_N\} \tag{3.16}$$

Primeiramente, obtemos as equações linearizadas, que são dadas por:

$$\begin{cases} \dot{\Phi}(x,t) &= J(x,t)\Phi(x,t) \\ \Phi(x_0) &= M \end{cases} \tag{3.17}$$

em que $\Phi(x,t)$ representa a trajetória do sistema e $\Phi(x_0) = M$ é a condição inicial, em que M representa a matriz de condições iniciais cujas colunas são os vetores $\alpha_1, \alpha_2, \dots, \alpha_N$. Usualmente utiliza-se $M = I$, em que I é a matriz identidade e $J(x,t)$ representa a matriz jacobiana de $f(x,t)$, dada por:

$$J_{ij}(x,t) = \frac{\partial f_i(x,t)}{\partial x_j(t)}, \qquad (i, j = 1, 2, 3) \tag{3.18}$$

A proposta é integrar numericamente e de forma simultânea as Equações (3.1) e (3.17) por um período T e verificar a evolução dinâmica da Equação (3.1) no espaço de fase e da equação linearizada (3.17) no espaço tangente. Após a integração neste período T, obtêm-se os próximos vetores divergentes (eixos principais da esfera da Figura 3.9) pela aplicação do mapa tangente $\Phi(x,t)$, ou seja, o primeiro expoente é $\alpha_1^{(1)} = \Phi(x,T)\beta_1^{(0)}$, com $\beta_1^{(0)} = \dfrac{\alpha_1^{(0)}}{\left\|\alpha_1^{(0)}\right\|}$, em que o índice sobrescrito

Métodos numéricos aplicados à dinâmica 49

denota a iteração atual. Se o processo iterativo de integração/normalização se repetir n vezes, então o primeiro expoente de Lyapunov é dado por:

$$\lambda_1 = \lim_{m \to +\infty} \frac{1}{mT} \sum_{i=1}^{m} ln \left\| \alpha_1^{(i)} \right\| \tag{3.19}$$

Em virtude da evolução temporal do sistema, este pode mudar de orientação e, assim, os vetores $\alpha_1, \alpha_2, \ldots, \alpha_N$ tendem a se alinhar com a direção mais expansiva do atrator. Por isso, emprega-se o processo de ortonormalização de Gram-Schmidt para gerar uma base em que a contribuição da direção com maior taxa de expansão local seja subtraída das demais direções, tornando possível o cálculo correto de λ_2 até λ_N. Assim, a partir dos vetores $\{\alpha_1, \alpha_2, \ldots, \alpha_N\}$, construiremos o conjunto $\{v_1, v_2, \ldots, v_N\}$ dado por:

$$
\begin{aligned}
v_1^{(i)} &= \alpha_1, \\[2mm]
w_1^{(i)} &= \frac{v_1^{(i)}}{\left\| v_1^{(i)} \right\|} \\[2mm]
v_2^{(i)} &= \alpha_2^{(i)} - \left\langle \alpha_2^{(i)}, w_1^{(i)} \right\rangle w_1^{(i)} \\[2mm]
w_2^{(i)} &= \frac{v_2^{(i)}}{\left\| v_2^{(i)} \right\|} \\[2mm]
&\vdots \\[2mm]
v_N^{(i)} &= \alpha_N^{(i)} - \left\langle \alpha_N^{(i)}, w_1^{(i)} \right\rangle w_1^{(i)} - \cdots - \left\langle \alpha_N^{(i)}, w_{N-1}^{(i)} \right\rangle w_{N-1}^{(i)} \\[2mm]
w_N^{(i)} &= \frac{v_N^{(i)}}{\left\| v_N^{(i)} \right\|}
\end{aligned}
\tag{3.20}
$$

em que $\langle \cdot, \cdot \rangle$ é o produto interno. Na m-ésima iteração, a ortonormalização produz N vetores $w_1, w_2, \ldots, w_N$ e, para m suficientemente grande, o expoente de Lyapunov é dado pela média:

$$\lambda_k = \lim_{m \to +\infty} \frac{1}{mT} \sum_{i=1}^{m} ln \left\| w_k^{(i)} \right\|, com \ k = 2, \ldots, N. \tag{3.21}$$

Apresentamos a seguir o algoritmo para o cálculo dos expoentes de Lyapunov baseado nas Equações (3.17) a (3.21).

Algoritmo 2: Expoente de Lyapunov

Entradas: N: dimensão do sistema dinâmico; t_0: tempo de evolução inicial; m: número de repetições para o cálculo do expoente de Lyapunov; T: tempo para a ortonormalização; h: passo do integrador; num: número de expoentes a ser calculado.

Saídas: λ_1: maior expoente de Lyapunov; λ_2: segundo maior expoente de Lyapunov; ..., λ_{2N-1}: menor expoente de Lyapunov.

1. Condições iniciais: x^0

2. Condições iniciais para a equação linearizada: $z^i = (\alpha_1, \alpha_2, \ldots, \alpha_N)$

3. **for** k **de** 0 **para** m **faça**

4. **for** t **de** 0 **para** T **faça**

5. integrador(x^k); resultando $x^k \rightarrow x^{k+1}$

6. integrador(z^k); resultando $z^k \rightarrow z^{k+1}$

7. **end for**

8. **for** i **de** 0 **para** num **faça**

9. $\lambda_i += \ln(z^i)$

10. **end for**

11. processo de ortonormalização(z^i)

12. **end for**

13. **for** i **de** 0 **para** num **faça**

14. $\lambda_i = \frac{1}{mT} \lambda_i$

15. **end for**

Para ilustrar o cálculo dos expoentes de Lyapunov, utilizaremos o oscilador de Duffing dado pela Equação (3.10). Neste exemplo utilizam-se os valores de $\mu = 0,1$, $\beta = 1,0$, $F = 0,3425$. Na Figura 3.10a tem-se a evolução temporal dos expoentes de Lyapunov considerando $\omega = 0,8$; neste caso o comportamento é periódico, pois encontramos dois expoentes de Lyapunov negativos. Por outro lado, na Figura 3.10b, a resposta mostra um comportamento caótico para $\omega = 1,4$, pois encontramos um expoente de Lyapunov positivo.

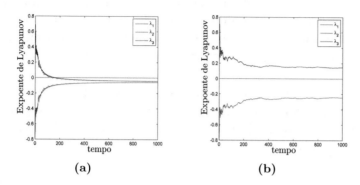

Figura 3.10: Evolução temporal dos expoentes de Lyapunov: (a) comportamento periódico e (b) comportamento caótico.

3.9 Teste 0-1

Recentemente, Gottwald e Melbourne propuseram um teste binário confiável e muito eficaz para distinguir se a dinâmica de um dado sistema é caótica ou regular, conhecido como teste 0-1. A ideia central do método é verificar as propriedades assintóticas da distância média quadrática entre duas funções. Essas funções exibem no plano um movimento difuso (como o movimento browniano) quando a dinâmica do sistema é caótica e um movimento não difuso quando a dinâmica é regular (periódica ou quasi-periódica). No caso de a dinâmica do sistema ser regular, a distância média quadrática é uma função limitada no tempo, por outro lado, se a dinâmica é caótica a função varia linearmente com o tempo. Portanto, a taxa de crescimento assintótica da distância média quadrática, K, assume dois valores: $K \approx 0$ para uma dinâmica regular e $K \approx 1$ para uma dinâmica caótica.

Pode-se destacar como vantagem do teste 0-1 a sua aplicação direta na série temporal, não requerendo nenhum conhecimento das equações do sistema ou a reconstrução do espaço de fase. Isso torna o teste adequado para a análise de mapas discretos, equações diferenciais ordinárias, equações diferenciais com atraso, equações diferenciais parciais e séries temporais do mundo real.

O teste pode ser empregado na análise da série temporal $x(i)(i = 1, 2, \ldots, N)$, que representa algum dado observável do sistema dinâmico. Se a série de tempo discreta é proveniente de um sistema contínuo no tempo, tem-se $x(i) = \Phi(t_i) = \Phi(i\delta t)$, em que $\delta t > 0$ é o tempo de amostragem. Quando δt é muito pequeno o teste 0-1 pode levar a conclusões erradas, pois a série temporal é finita e a convergência de K torna-se muito lenta. Isso se deve a um problema de sobreamostragem, e para evitá-lo pode-se utilizar o método da informação mútua sobre a série temporal para definir a distância entre pontos consecutivos e, assim, definir δt como igual ao valor do primeiro mínimo da informação mutual da série.

Para reduzir o esforço computacional, o teste 0-1 também pode ser aplicado considerando a série temporal de um conjunto adequado de pontos de Poincaré obtidos de uma dada trajetória. No entanto, a amostragem requer conhecimento prévio das escalas de tempo envolvidas no movimento, porém, em alguns casos, isso pode não estar à mão.

Para verificar se o sistema é caótico ou não utilizando o teste 0-1, define-se uma extensão do sistema dinâmico caracterizada por duas variáveis adicionais, $p(n, c)$ e $q(n, c)$, que dependem do sistema dinâmico. Assim, Gottwald e Melbourne propuseram a seguinte definição:

$$
\begin{aligned}
p(n, c) &= \sum_{i=1}^{n} x(i) cos(ic) \\
q(n, c) &= \sum_{i=1}^{n} x(i) sen(ic)
\end{aligned}
\tag{3.22}
$$

em que c é uma constante, $c \in (0, \pi)$ e $n = 1, 2, \ldots, N$. Os valores de $p(n, c)$ e $q(n, c)$ evoluem de acordo com a evolução temporal da variável observável $x(i)$, fornecendo, portanto, informações sobre a resposta dinâmica do sistema.

A teoria apresentada por Gottwald e Melbourne garante que se as funções $p(n, c)$ e $q(n, c)$ são limitadas, então o sistema apresenta um comportamento regular; por outro lado, se $p(n, c)$ e $q(n, c)$ apresentam um comportamento assintoticamente não limitado com um movimento browniano, a dinâmica é caótica. Portanto, para caracterizar o comportamento de um sistema dinâmico pelo teste 0-1, necessitamos encontrar um indicador capaz de mensurar se a dinâmica $p(n, c) - q(n, c)$ é limitada ou não. O deslocamento quadrático médio $M(n, c)$ pode ser utilizado como tal indicador, que definimos a seguir:

$$
M(n, c) = \lim_{N \to +\infty} \frac{1}{N} \sum_{i=1}^{N} \left[(p(i + n, c) - p(i, n))^2 + (q(i + n, c) - q(i, n))^2 \right] \tag{3.23}
$$

em que $n << N$ ou $n \leq n_{corte}$, com $n_{corte} << N$. Na prática utiliza-se que $n_{corte} = \frac{N}{10}$.

Após o cálculo do $M(n, c)$ verifica-se se o sistema é regular ou não, no teste 0-1, obtendo a taxa de crescimento assintótico K_c do deslocamento quadrático médio $M(n, c)$. A métrica K_c é definida como:

$$
K_c = corr\left(\xi, M\left(\xi, c \right) \right) = \frac{cov(\xi, M)}{\sqrt{var(\xi) \, var(M)}} \tag{3.24}
$$

em que $\xi = 1, 2, \ldots, n$ e $M := (M(1, c), M(2, c), \ldots, M(n, c))$. Essa quantidade mede a força da correlação entre $M(n, c)$ e o crescimento linear. Lembrando que, dados dois vetores x e y de mesmo tamanho (P), a covariância $(cov(x, y))$, a

Métodos numéricos aplicados à dinâmica 53

variância $(var(x))$ e a média $(\overline{x})$ são dados por:

$$cov(x,y) = \frac{1}{P}\sum_{i=1}^{P}(x_i - \overline{x})(y_i - \overline{y}), \quad var(x) = cov(x,x), \quad \overline{x} = \frac{1}{P}\sum_{i=1}^{P}x_i \quad (3.25)$$

Gottwald e Melbourne perceberam que para alguns valores de c no cálculo de K_c, pode ocorrer um fenômeno de ressonância, que faz com que $K_c \approx 1$ independentemente de a dinâmica do sistema ser regular ou não, podendo ocorrer uma interpretação errada da dinâmica, especialmente se esta for regular. A fim de evitar esse erro, Gottwald e Melbourne sugerem repetir o cálculo de K_c diversas vezes para um conjunto de N_c valores de c (em torno de 100 escolhidos aleatoriamente dentro desse conjunto) tomando o valor da constante c limitada ao intervalo $c \in \left[\frac{\pi}{5}, \frac{4\pi}{5}\right]$. Portanto, o indicador (K) final da dinâmica do sistema é dado pelo cálculo da mediana dos N_c valores de K_c, ou seja,

$$K = mediana(\Psi) \quad (3.26)$$

com $\Psi = (K_{c(1)}, K_{c(2)}, \ldots, K_{c(N_c)})$.

Apresentamos a seguir o algoritmo do teste 0-1 para o cálculo da métrica K baseado nas Equações (3.22) a (3.26).

Algoritmo 3: Teste 0-1
Entradas: N: tamanho do vetor da série temporal; $X(i)(i = 1, 2, \ldots, N)$: série temporal do sistema dinâmico; m: tamanho da série a ser analisada; $n_{corte} = \frac{N}{10}$, $\xi = 1, 2, \ldots, n$: vetor de crescimento linear.
Saídas: K: indicador do comportamento do sistema dinâmico.

1. Reorganize a série temporal com um tempo de amostragem adequado, por exemplo, pode ser utilizado o método da informação mútua, os pontos do mapa de Poincaré etc. Suponha que essa nova série é $x(j)$ com $j = 1, 2, \ldots, m$, e $m < N$

2. Defina um vetor aleatório $c \in \left(\frac{\pi}{5}, \frac{3\pi}{5}\right)$, com $c = \{c_1, c_2, \ldots, c_{100}\}$

3. **for** k **de** 1 **para** 100 **faça**

4. **for** n **de** 1 **para** n_{corte} **faça**

5. Calcule os valores da funções $p(n, c(k))$ e $q(n, c(k))$ dados pela Equação (3.22)

6. Calcule $M(n, c(k))$ pela Equação (3.23)

7. **end for**

8. Calcule o valor da métrica $K_{c(k)} = \dfrac{cov(\xi, M)}{\sqrt{var(\xi)var(M)}}$

9. **end for**

10. Calcule o indicador (K) como a mediana dos valores de K_c

Agora, utilizaremos o teste 0-1 para determinar se o comportamento de um dado sistema é regular ou não. Vamos utilizar novamente a equação de Duffing dada no Exemplo 3, com $\mu = 0, 1$, $\beta = 1, 0$, $F = 0, 3425$. A Figura 3.11 mostra o valor de K_c e a dinâmica das variáveis $p(n, c) - q(n, c)$ para duas situações ilustrando o comportamento regular e caótico do oscilador de Duffing. Nas Figuras 3.11a-b, tomemos $\omega = 0, 8$. A Figura 3.11a mostra a influência do parâmetro c na estimação de K_c. Note que neste caso os valores de K_c estão distribuídos próximos a 0 e, dessa forma, a mediana desses valores de K_c fornecem o valor de $K \approx 0$ determinando, portanto, o comportamento é periódico. Na Figura 3.11b, é possível notar que a dinâmica das variáveis $p(n, c) - q(n, c)$ tem uma curva fechada, caracterizando o movimento periódico. Por outro lado, tomando $\omega = 1, 4$, a Figura 2.11c mostra que os valores de K_c estão distribuídos todos próximos a 1. Além disso, quando o valor da métrica $K \approx 1$, a Figura 3.11d mostra que a dinâmica das variáveis $p(n, c) - q(n, c)$ é irregular e ilimitada, confirmando que o oscilador apresenta um movimento caótico. Note que as conclusões apresentadas aqui são idênticas àquelas obtidas pelos expoentes de Lyapunov.

3.10   Análise espectral – *Fast Fourier Transform*

Um sistema dinâmico é representado pela variação temporal $\psi(t)$ (série temporal) de suas variáveis dinâmicas. Se essa função $\psi(t)$ é periódica (veja o Teorema 7), então ela pode ser representada como uma superposição de componentes periódicos. A determinação desses componentes é chamada de análise espectral.

Como $\psi(t)$ pode ser expressa como uma combinação linear de frequências de oscilações que sejam múltiplos inteiros de uma frequência básica de oscilações ω_0, então:

$$\psi(t) = \sum_{n=-\infty}^{\infty} (a_n cos(n\omega_0 t) + b_n sen(n\omega_0 t)) \tag{3.27}$$

em que $a_n = \dfrac{\omega_0}{\pi} \displaystyle\int_{-\frac{\pi}{\omega_0}}^{\frac{\pi}{\omega_0}} \psi(t)cos(n\omega_0 t)$ e $b_n = \dfrac{\omega_0}{\pi} \displaystyle\int_{-\frac{\pi}{\omega_0}}^{\frac{\pi}{\omega_0}} \psi(t)sen(n\omega_0 t)$ são constantes.

A série dada pela Equação (3.27) é conhecida como série de Fourier. Por outro lado, quando $\psi(t)$ não é periódica, ela pode ser expressa em termos de oscilações com frequências contínuas. Essa representação é chamada de transformada de Fourier de $\psi(t)$. Neste caso, o espaçamento entre os componentes de frequência

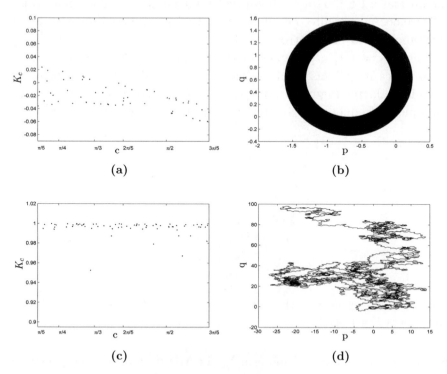

Figura 3.11: Teste 0-1: (a) valor de K_c vs. c para $\omega = 0,8$, (b) dinâmica das variáveis $p - q$ para $\omega = 0,8$, (c) valor de K_c vs. c para $\omega = 1,4$, (d) dinâmica das variáveis $p - q$ para $\omega = 1,4$.

torna-se infinitesimal e o espectro discreto de componentes de frequência torna-se contínuo. A transformada de Fourier $a(\omega)$ da função $\psi(t)$ é dada por:

$$a(\omega) = \frac{1}{\sqrt{2\pi}} \int_{-\infty}^{-\infty} \psi(t) e^{i\omega t} \qquad (3.28)$$

e, na forma discreta, é dada como:

$$a_k = \frac{1}{\sqrt{N}} \sum_{n=1}^{N} \psi_n e^{i\omega t} \qquad (3.29)$$

Para implementação numérica a fim de caracterizar sistemas regulares ou não, existe uma versão da transformada discreta de Fourier conhecida como FFT (*Fast Fourier Transform*). A FFT é amplamente utilizada para analisar sinais experimentais, mas também pode ser usada em estudos de sistemas dinâmicos de baixa dimensão N, com $N \leq 3$, pois segundo o seu uso em sistemas em que $N > 3$ pode não ser muito vantajoso.

A fim de ilustrar a FFT para distinguir entre um sinal caótico e um sinal periódico, utilizaremos novamente o oscilador de Duffing dado na Equação (3.10). Aqui consideremos como parâmetros $\mu = 0,1$, $\beta = 1,0$, $w = 1,4$. Na Figura 3.12a, utilizamos $F = 0,1$, e podemos observar que o espectro de frequências apresenta uma única frequência significativa, caracterizando o movimento periódico do oscilador. Já na Figura 3.12b, para $F = 0,3425$, a FFT mostra um espectro contínuo de frequências caracterizando a dinâmica caótica do oscilador.

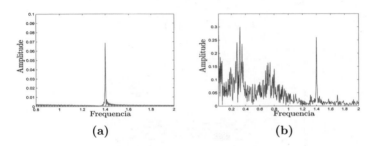

(a) (b)

Figura 3.12: FFT do oscilador de Duffing: (a) resposta periódica para $F = 0,1$, (b) resposta caótica para $F = 0,3425$.

A seguir apresentamos o algoritmo (em MATLAB) para obter os espectro de frequências.

Algoritmo 4: FFT

Entradas: y: série temporal; F_s: frequência de amostragem; L: tamanho da série temporal.

Saídas: f: frequências; A: amplitude.

1. **Sugestão de comandos no MATLAB**

2. NFFT = 2^nextpow2(L); – tamanho da FFT,

3. Y = fft(y,NFFT)/L; – calcula a FFT no MATLAB

4. f = Fs/2*linspace(0,1,NFFT/2+1); – FFT é simétrica, jogue fora metade

5. A = 2*abs(Y(1:NFFT/2+1)) – Tome a magnitude de FFT de Y

6. plot(f*(2*pi),2*abs(Y(1:NFFT/2+1)),'k') – plote em radianos

3.11 Diagrama de bifurcação

Até o momento vimos como caracterizar um determinado atrator para um parâmetro específico do sistema dinâmico. Um procedimento bastante interessante é caracterizar o comportamento global do sistema quando variamos esse parâmetro, chamado de parâmetro de controle. A mudança qualitativa do atrator com a variação do parâmetro de controle é chamada de bifurcação. O primeiro a usar o termo bifurcação foi Henri Poincaré para expressar a mudança qualitativa na estrutura de uma solução, como consequência da variação dos parâmetros do sistema. Essas mudanças estão intimamente ligadas a uma mudança do comportamento topológico do sistema.

A fim de caracterizar essas mudanças qualitativas das órbitas para cada valor do parâmetro de controle, constrói-se o chamado diagrama de bifurcação. Uma das várias formas de construir tal diagrama é utilizar a distribuição estroboscópica da resposta do sistema. Dessa forma, estamos avaliando a resposta na seção de Poincaré para diferentes valores do parâmetro de controle. Para ilustrar o diagrama de bifurcação vamos utilizar novamente o oscilador de Duffing, Equação (3.10), com os seguintes parâmetros fixos: $\mu = 0,25, \beta = 1 e \omega = 1$, e vamos variar a amplitude do forçamento F. Para um determinado valor do parâmetro de controle F, o diagrama de bifurcação dado na Figura 3.13 mostra os valores assintóticos dos pontos de Poincaré da resposta do sistema x, em que o transiente é eliminado.

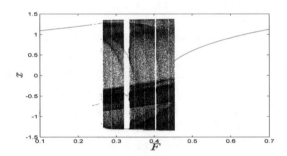

Figura 3.13: Diagrama de bifurcação da resposta x em função de F.

O espaço de fase da Equação (3.10) tem três dimensões, portanto, o sistema tem três expoentes de Lyapunov, um dos quais é sempre zero (na direção tangente ao fluxo). Para os dois expoentes restantes, se o expoente máximo de Lyapunov é menor que zero, então temos uma órbita periódica estável. Já para uma órbita quasi-periódica, o expoente máximo de Lyapunov é zero, enquanto para uma órbita caótica o expoente máximo de Lyapunov é maior que zero.

A Figura 3.14a mostra os três expoentes de Lyapunov em função de F para o diagrama de bifurcação dado pela Figura 3.13a, calculado pelo algoritmo 2. Já a Figura 3.14b corresponde ao parâmetro K definido pelo teste 0-1 também para a variação de F, calculado utilizando o algoritmo 3. Note que há diferentes regiões de parâmetros F em que $K \approx 0$, o que corresponde a comportamentos regulares (movimento periódico), enquanto há valores em que $K \approx 1$, correspondendo a soluções caóticas. Note que ambos os métodos apresentam uma convergência de respostas.

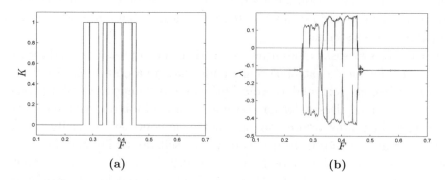

Figura 3.14: (a) Teste 0-1 (K) e (b) expoentes de Lyapunov (λ) em função do parâmetro F.

3.12 Bacia de atração

Em geral, podem-se dividir os sistemas dinâmicos em dois tipos, a saber, conservativos (hamiltonianos) e não conservativos. Os sistemas conservativos ou hamiltonianos têm a propriedade de preservar o volume no espaço de fase pela evolução no tempo. Isso significa que as trajetórias de todos os pontos inseridos em um subvolume δV no espaço de fase podem ser distorcidas com o tempo, mas o volume permanecerá constante. Já os chamados sistemas não conservativos ou dissipativos são de grande relevância para a descrição de fenômenos físicos. Esses sistemas têm a propriedade de que subvolumes arbitrários no espaço de fase tendem a zero quando $t \longrightarrow +\infty$. Isso significa que os pontos convergem para um conjunto de dimensão inferior chamado de atrator, que possui volume zero no espaço de fase original.

Contudo, nem todas as condições iniciais convergem, necessariamente, para o mesmo atrator. Se o sistema possui mais de um atrator, cada um deles possui uma bacia de atração própria. Matematicamente, definimos a bacia de atração do modo a seguir.

Teorema 10. *Sejam $x_0 \in U \subset \Re^n$ um ponto de equilíbrio assintoticamente estável da Equação (3.1) ou da Equação (3.3) e $\phi(t,x)$ o fluxo gerado pelo campo vetorial f. A bacia de atração de x_0, denotada por $A(x_0)$, é o conjunto:*

$$A(x_0) = \left\{ x \in U : \lim_{t \to +\infty} \phi(t,x) = x_0 \right\} \qquad (3.30)$$

Em outras palavras, a bacia de atração de um atrator x_0 é o conjunto de todas as condições iniciais cujas órbitas convergem para x_0. Conforme discutimos anteriormente, os atratores são essencialmente de dois tipos: os atratores que possuem uma forma geométrica simples, como um ponto fixo, uma curva fechada (ciclo limite) ou um toro; e a segunda classe de atratores, os chamados atratores irregulares ou "estranhos", que correspondem ao movimento caótico e possuem propriedades geométricas incomuns.

O método mais simples para determinar as bacias de atração é a grade de integração de uma grade de pontos. Neste método, a bacia de atração é construída integrando-se numericamente as trajetórias da resposta de um sistema dinâmico em uma grade de condições iniciais. A duração das integrações numéricas deve ser tal que o comportamento transitório decaia suficientemente para permitir a identificação do estado estacionário da resposta resultante de cada condição inicial.

A Figura 3.15a ilustra a bacia de atração do oscilador de Duffing para os seguintes parâmetros fixos: $\mu = 0,25, \beta = 1; \omega = 1$ e considerando que $F = 0,02$. Olhando novamente para a Figura 3.14, quando $F = 0,02$, o sistema apresenta um comportamento periódico. Para cada condição inicial dada no gride, obtemos o valor numérico da solução e a identificamos com uma das duas linhas correspondente na Figura 3.15b, portanto, representamos este atrator na Figura 3.15a como um ponto da mesma cor da solução encontrada.

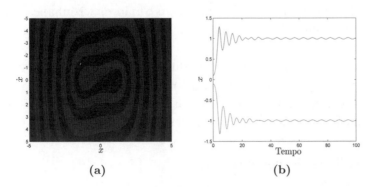

Figura 3.15: Bacia de atração para (a) $F = 0$ e (b) $F = 0,15$.

3.13 Gráficos de recorrência

Uma das propriedades fundamentais dos sistemas dinâmicos é a sua característica de recorrência, pois o espaço de fase que descreve o sistema representa o seu comportamento e suas dimensões. Isto é, um ponto no espaço de fase define um estado potencial do sistema que depende da função interativa e das condições iniciais.

Para a construção dos gráficos de recorrência, necessita-se essencialmente da série temporal que é gerada por um experimento (natural ou artificial) ou por simulações computacionais, sendo um método eficaz para analisar essas séries temporais. Portanto, a construção de um gráfico de recorrência é bastante simples, sendo baseada em um quadro que contém os elementos da série temporal sequencialmente dispostos do primeiro ao último, no qual a partir de valores preestabelecidos de dimensão de intervalos de medidas e distâncias, verifica-se se há ou não recorrência entre os valores. De um forma mais sucinta, os gráficos de recorrência têm a finalidade de visualizar a dinâmica de sistemas recorrentes.

Assim, um gráfico de recorrência de uma série temporal de N termos consiste em uma matriz de dimensão $N \times N$ preenchida por pontos pretos e brancos, em que o ponto preto é denominado ponto recorrente e tem coordenadas (i, j) somente com probabilidade $\rho(i, j)$ no instante do estado corrente $(n = i)$ e no estado a ser comparado $(n = j)$, com distância menor que r_0, fixado no centro do estado recorrente.

A definição mais utilizada para $R_{i,j}$ é:

$$\vec{R_{ij}} = \theta(r_0 \| \vec{y}_i - \vec{y}_j \|) \tag{3.31}$$
$$y_i \in \Re^m, \quad i,j = 1, \dots, N.$$

em que N é o número de estados x_i considerados, r_0 é o raio da vizinhança no ponto x_i, $\|.\|$ é a norma euclidiana, $\theta(.)$ é a função de Heaviside e m é a dimensão de imersão.

Dessa forma, teremos que se $\vec{R}_{i,j} = 1$, o estado é dito recorrente, o que gera um ponto preto no gráfico; caso $\vec{R}_{i,j} = 0$, o estado não é recorrente, então é marcado um ponto branco no gráfico. A Figura 3.16 representa o comportamento de três funções temporais por meio dos gráficos de recorrência.

3.13.1 Tipos de gráficos de recorrência

Como há uma mudança topológica nos gráficos de recorrência, então podemos determinar duas categorias. A primeira é definida com o padrão de larga escala, que oferece uma visão global do gráfico e se divide em homogêneo, deriva, periódico e descontínuo. A estrutura homogênea apresenta pontos pequenos se comparados com o gráfico de recorrência como um todo, isto é, o tempo de duração de estados sucessivos é curto em relação ao tempo total de exposição do sistema. As estruturas de deriva, no entanto, ocorrem quando o sistema possui uma variação de parâmetros lenta, que ocasiona uma ausência de pontos recorrentes. Em sistemas periódicos, as linhas do gráfico possuem diagonais paralelas à diagonal principal

Métodos numéricos aplicados à dinâmica 61

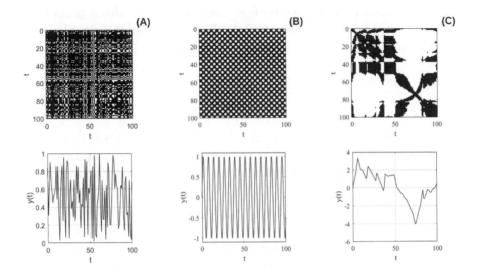

Figura 3.16: Representação dos gráficos de recorrência: (A) série temporal aleatória, (B) função periódica $y(t) = \sin(t)$, (C) trecho da série temporal do sistema de Lorenz.

e estruturas de blocos recorrentes, formando uma estrutura periódica no gráfico. Já em sistemas descontínuos, há mudanças abruptas na dinâmica, bem como a recorrência de eventos raros, ocasionando bandas brancas.

A segunda categoria são os padrões de pequena escala, formados por pontos singulares, linhas verticais, diagonais e horizontais, e estruturas de blocos formadas por essas linhas. Dessa forma, caso os pontos recorrentes estejam isolados, isso significa um estado raro no sistema. As diagonais ocorrem quando uma parte da trajetória evolui de forma paralela a outro segmento de trajetória, ou seja, a trajetória visita a mesma região.

3.13.2 Quantificação de recorrência

Com base na Figura 3.16, podemos observar que dependendo da série temporal há uma mudança na topologia dos gráficos de recorrência, assim, há a necessidade de medidas para quantificar a complexidade dos padrões formados.

A primeira medida é a probabilidade de um estado ocorrer em um espaço de fase. Essa medida pode ser descrita pela equação:

$$\Xi = \lim_{N \to \infty} \frac{1}{N^2} \sum_{i,j=1}^{N} R_{i,j} \qquad (3.32)$$

em que N é a recorrência que o sistema apresenta e $R_{i,j}$ são as recorrências possíveis. Os valores obtidos pela Equação (3.32) correspondem à taxa de probabilidade de ocorrência no espaço de fase. Assim, se Ξ for alto a probabilidade de ocorrência é alta, por outro lado, se Ξ for baixo a probabilidade é baixa.

Outra medida é o determinismo, sendo definido como:

$$\mathcal{D} = \frac{\sum_{l=l_{min}}^{N} l P^{\varepsilon}(l)}{\sum_{i,j}^{N} R_{i,j}} \tag{3.33}$$

em que l é o tamanho da estrutura diagonal, $P^{\varepsilon}(l)$ é probabilidade de essa estrutura diagonal ocorrer dentro do gráfico de recorrência e l_{min} é o número mínimo de estruturas diagonais que se contabiliza dentro do gráfico de recorrência (o valor habitual é $l_{min} = 2$).

O determinismo é a quantificação de previsibilidade de cada gráfico. Vale prevenir que a medida não possui o significado de um processo determinístico, como é citado nos livros de dinâmica e mecânica clássicas. Ela se baseia nas evoluções similares da trajetória, e não em pontos intermitentes.

A medida de entropia dos gráficos de recorrência fornece a frequência das linhas diagonais, sendo definida da seguinte forma:

$$S = - \sum_{l=l_m im}^{N} p(l) \ln [p(l)] \tag{3.34}$$

em que:

$$p(l) = \frac{P^{\varepsilon}(l)}{\sum_{l=l_{min}}^{N} P^{\varepsilon}(l)} \tag{3.35}$$

Dessa forma, a entropia fornecerá a mesma informação do comprimento médio menos um fator de escala, em virtude das multiplicações do logaritmo. Isso fica mais claro quando reescrevemos a entropia em função de L normalizado por todo o gráfico de recorrência:

$$l_1 = \frac{P^{\varepsilon}(l)}{\sum_{l=l_{min}}^{N} P^{\varepsilon}(l)} \tag{3.36}$$

em que l_1 é um único comprimento normalizado. Dessa forma, podemos reescrever a entropia da seguinte forma:

$$S = - \sum_{l=l_{min}}^{N} l_1 \ln(l_1) \tag{3.37}$$

Ressalta-se que a única vantagem de relacionar o comprimento normalizado é fornecer um crescimento de comprimentos recorrentes em uma escala menor.

Outras medidas importantes para a análise dos gráficos são a laminaridade e o tempo de aprisionamento. A laminaridade é baseada nas linhas verticais e, de forma análoga ao determinismo, determina a razão entre as linhas verticais recorrentes de todo o gráfico de recorrência e o conjunto de pontos recorrentes contidos nele, sendo definida como:

$$L_A = \frac{\sum_{v=v_{min}} vP^{\varepsilon}(v)}{\sum_{v=1}^{N} vP^{\varepsilon}(l)} \quad (3.38)$$

em que v_{min} é o tamanho mínimo com que se deseja computar uma estrutura vertical. No entanto, se quisermos medir o tempo médio dos estados laminares, é utilizado o tempo de aprisionamento, definido como:

$$T_T = \frac{\sum_{v=v_{min}}^{N} vP^{\varepsilon}(v)}{\sum_{v=v_{min}}^{N} P^{\varepsilon}(l)} \quad (3.39)$$

Aplicando as definições no sistema de Lorenz dado pelas equações:

$$\begin{aligned} \frac{dx_1}{dt} &= \sigma(x_2 - x_1) \\ \frac{dx_2}{dt} &= x_1(\rho - x_3) - x_2 \\ \frac{dx_3}{dt} &= x_1 x_2 - \beta x_3 \end{aligned} \quad (3.40)$$

Dessa forma, a Figura 3.17(A) e 3.17(B) representa o mapa de fase do atrator de Lorenz e seu gráfico de recorrência, respectivamente.

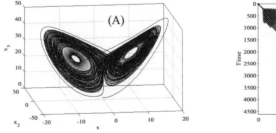
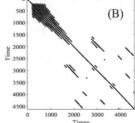

Figura 3.17: (A) Representação do atrator de Lorenz para os parâmetros $\rho = 28$, $\sigma = 10$ e $\beta = 8/3$ e (B) gráfico de recorrência do atrator de Lorenz.

Por meio do gráfico de recorrência quantificamos as recorrências que estão sumarizadas na tabela a seguir.

Tabela 3.1: Quantidades dos gráficos de recorrência

Ξ	0,00438
$\mathcal{L}$	0,9994
L_A	0,9946
T_T	5,766

Para as análises das medidas de quantificação e para a formação do gráfico de recorrência, foi utilizado o *software Commandline Recurrence Plots*, desenvolvido por Norbert Marwan e disponível em http://www.recurrence-plot.tk/programmes.php.

Capítulo 4

Métodos analíticos aproximados

4.1 Introdução

Neste capítulo abordaremos métodos analíticos aproximados para resolução das equações diferenciais ordinárias não lineares que descrevem fenômenos nas mais diversas áreas. Uma maneira de obter tais soluções aproximadas é utilizando os métodos de perturbação que definiremos neste capítulo.

4.2 Teoria de perturbação

A teoria de perturbação é uma coleção de métodos iterativos para a obtenção de soluções analíticas aproximadas de problemas não lineares. O processo consiste nas seguintes etapas:

- Converter o problema original em um problema de perturbação, por meio da introdução de um parâmetro pequeno, $\varepsilon << 1$.

- Assumir a resposta na forma de uma série de potências em ε e x.

- Substituir essa referida série na equação do problema, isolando os termos de mesma potência de ε.

- Determinar os coeficientes da série resolvendo as equações associadas aos termos de mesma potência de ε.

- Escrever a resposta do problema em termos da série assintótica proposta.

Assim, uma das grandes potencialidades do método consiste na sua capacidade de abordar equações diferenciais não lineares por meio de uma sucessão de equações, usualmente lineares, mais simples de resolver. Os métodos analíticos aproximados mais usuais são: método do balanço harmônico, método da média, método Linsdted-Poincaré, método das múltiplas escalas, entre outros (NAYFEH, 1980). Neste capítulo, nos restringiremos ao método de perturbação e ao método de múltiplas escalas, por serem grandemente utilizados pela comunidade científica.[1]

4.2.1 Método de perturbação

Para definição do método de perturbação, consideraremos uma equação diferencial que descreva um processo dinâmico não linear e que possa ser escrita da seguinte forma:

$$\ddot{u}(t) + \omega^2 u(t) + \varepsilon g(\dot{u}, u, t) = 0 \tag{4.1}$$

em que u é a variável de projeto, t é o tempo, ω é a frequência natural, g é uma função não linear, ε é um parâmetro que mede a ordem de grandeza do termo não linear e f é a força externa. Um fato interessante: quando $\varepsilon = 0$ a Equação (4.1) torna-se linear.

Para o desenvolvimento do método de perturbação, vamos assumir que $u(t)$ seja a solução da Equação (4.1) e possa ser expandida em série de potências em função de ε, sendo expressa como:

$$u(t, \varepsilon) = u_0(t) + \varepsilon u_1(t) + \varepsilon^2 u_2(t) + \cdots + \varepsilon^n u_n(t) \tag{4.2}$$

---

[1]Por outro lado, citamos que os problemas de perturbação singular estão associados quando o parâmetro de perturbação vem multiplicando a derivada de ordem mais elevada na equação. Se o parâmetro de perturbação tende a zero, o termo de derivada de ordem superior fica de uma grandeza inferior aos outros termos da equação diferencial e, consequentemente, a tendência é desprezá-lo. Ao fazer isso, a equação diferencial não pode mais atender a todas as condições de contorno especificadas no problema original, portanto, o problema não pode ser resolvido. Do ponto de vista físico do problema, o surgimento de perturbações singulares está associado a regiões onde existe uma grande mudança no valor da variável dependente, caso típico de camadas limites. Para se obterem expansões uniformemente válidas, deve-se reconhecer e utilizar o fato de que nessas regiões existe uma grande mudança no valor da variável dependente. Essas regiões são caracterizadas por uma ampliação das escalas que se diferencia das escalas que caracterizam o comportamento da variável dependente fora delas.

Métodos analíticos aproximados 67

em que u_i são variáveis a serem calculadas. Para $\varepsilon = 0$, a solução $u(t,0) = u_0$ corresponde à solução linear.

Os termos em ε podem ser interpretados como perturbações em relação à solução u_0. Dessa forma, como consideramos que $u(t)$ é solução da Equação (4.1), então suas duas derivadas em relação ao tempo são:

$$\dot{u}(t,\varepsilon) = \varepsilon \dot{u}_1(t) + \varepsilon^2 \dot{u}_2(t) + \cdots + \varepsilon^n \dot{u}_n(t) \tag{4.3}$$
$$\ddot{u}(t,\varepsilon) = \varepsilon \ddot{u}_1(t) + \varepsilon^2 \ddot{u}_2(t) + \cdots + \varepsilon^n \ddot{u}_n(t)$$

Substituindo as Equações (4.2) e (4.3) na Equação (4.1) (diferencial) e agrupando os termos em ε, obtemos:

$$\left[\ddot{u}_0(t) + \omega^2 u_0(t) - f(t)\right] + \varepsilon \left[\ddot{u}_1 + \omega^2 u_1(t) - g_1(\dot{u}_0, u_0, t)\right] + \tag{4.4}$$
$$+\varepsilon^2[\ddot{u}_2(t) + \omega^2 u_2(t) + g_2(\dot{u}_0, \dot{u}_1, u_0, u_1, t)] + \cdots +$$
$$\varepsilon^n \left[\ddot{u}_n(t) + \omega^2 u_n(t) + g_n(\dot{u}_n, \dot{u}_n, \ldots, u_0, \ldots, u_{n-1}, t)\right]$$
$$+O(\varepsilon^{n+1}) = 0$$

em que g_i são funções não lineares independentes de ϵ.

Em certos casos, para obter g_i é necessário substituir a função original não linear por uma expansão truncada da série de Taylor. Os termos de ordem superior, representados por $O\left(\epsilon^{n+1}\right)$, são em geral desprezados, porque suas contribuições diminuem para $\epsilon \ll 1$. Como ϵ não depende de u_i, para que a Equação (4.4) seja válida sempre, cada termo de potência em ϵ deve ser nulo:

$$Ordem \quad 0 \quad : \quad \ddot{u}_0(t) + \omega^2 u_0(t) - f(t) = 0 \tag{4.5}$$
$$Ordem \quad 1 \quad : \quad \ddot{u}_1(t) + \omega^2 u_1(t) + g_1(\dot{u}_0, u_0, t) = 0$$
$$Ordem \quad 2 \quad : \quad \ddot{u}_2(t) + \omega^2 u_2(t) + g_2(\dot{u}_0, \dot{u}_1, u_0, u_1, t) = 0$$
$$\vdots$$
$$Ordem \quad n \quad : \quad \ddot{u}_n(t) + \omega^2 u_n(t) + g_n(\dot{u}_0, \dot{u}_1, \ldots, \dot{u}_{n-1}, u_0, u_1, \ldots, u_{n-1}, t) = 0$$

A Equação (4.1) foi substituída por um conjunto de $(n+1)$ equações diferenciais, uma para cada variável u_i. Para a equação de ordem i, os termos que não dependem de u_i são transferidos para o lado direito da equação. Esses termos serão denominados *carregamentos* neste livro.

$$Ordem \quad 0 \quad : \quad \ddot{u}_0(t) + \omega^2 u_0(t) = f(t) \tag{4.6}$$
$$Ordem \quad 1 \quad : \quad \ddot{u}_1(t) + \omega^2 u_1(t) = -g_1(\dot{u}_0, u_0, t)$$
$$Ordem \quad 2 \quad : \quad \ddot{u}_2(t) + \omega^2 u_2(t) = -g_2(\dot{u}_0, \dot{u}_1, u_0, u_1, t)$$
$$\vdots$$
$$Ordem \quad n \quad : \quad \ddot{u}_n(t) + \omega^2 u_n(t) = -g_n(\dot{u}_0, \dot{u}_1, \ldots, u_0, u_1, \ldots, t)$$

A primeira expressão da Equação (4.6) corresponde ao problema linearizado, cuja solução analítica é em geral conhecida. Note que as funções g_i, que aparecem nos carregamentos, dependem das variáveis $\dot{u}_k$ e u_k para $k = 0, 1, \ldots, i-1$, ou seja, dependem das soluções das equações anteriores. Portanto, as variáveis u_i podem ser obtidas resolvendo-se sequencialmente as Equações (4.6), iniciando-se da primeira equação de ordem 0 até a última equação de ordem n.

4.2.2 Exemplo de aplicação do método de perturbação

Para exemplificar a técnica de perturbação, considere o problema de vibração livre do pêndulo simples, mostrado na Figura 4.1, cuja equação diferencial é dada por:

$$\ddot{\theta} + \frac{g}{l}sen(\theta) = 0 \qquad (4.7)$$

em que θ é o ângulo formado entre o pêndulo e a reta vertical, g é a aceleração da gravidade e l é o comprimento do pêndulo.

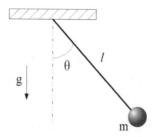

Figura 4.1: Configuração pêndulo simples.

Utilizando os dois primeiros termos da série de Taylor para a função seno, $sen(\theta) \approx \theta - \frac{1}{6}\theta^3$, a Equação (4.7) pode ser reescrita como:

$$\ddot{\theta}(t) + \omega^2\theta(t) + \epsilon\alpha\theta^3(t) = 0 \qquad (4.8)$$

em que $\omega^2 = \frac{g}{l}$ e $\alpha = -\frac{1}{6}\omega^2$. O parâmetro ϵ foi introduzido para identificar o termo não linear. A Equação (3.7) é conhecida como equação de Duffing.

Considere uma aproximação de θ com 4 termos na série de ϵ:

$$\theta = \theta_0(t) + \epsilon\theta_1(t) + \epsilon^2\theta_2(t) + \epsilon^3\theta_3(t) \qquad (4.9)$$

Substituindo a Equação (3.8) na Equação (3.7) e agrupando os termos em ϵ, teremos:

$$\left[\ddot{\theta}_0 + \omega^2\theta_0\right] + \epsilon\left[\ddot{\theta}_1 + \omega^2\theta_1 + \alpha\theta_0^3\right] + \epsilon^2\left[\ddot{\theta}_2 + \omega^2\theta_2 + 3\alpha\theta_0^2\theta_1\right] + \qquad (4.10)$$
$$+\epsilon^3\left[\ddot{\theta}_3 + \omega^2\theta_3 + 3\alpha\theta_0^2\theta_2 + 3\alpha\theta_0\theta_1^2\right] + O(\epsilon^4) = 0$$

O conjunto de equações diferenciais é obtido anulando-se os termos de potências em ϵ e transferindo os carregamentos para o lado direito das equações:

$$Ordem \quad 0 \quad : \quad \ddot{\theta}_0 + \omega^2 \theta_0 = 0 \tag{4.11}$$
$$Ordem \quad 1 \quad : \quad \ddot{\theta}_1 + \omega^2 \theta_1 = -\alpha \theta_0^3$$
$$Ordem \quad 2 \quad : \quad \ddot{\theta}_2 + \omega^2 \theta_2 = -3\alpha \theta_0^2 \theta_1$$
$$Ordem \quad 3 \quad : \quad \ddot{\theta}_3 + \omega^2 \theta_3 = -3\alpha \theta_0^2 \theta_2 - 3\alpha \theta_0 \theta_1^2$$

O número de termos presentes nos carregamentos cresce com a ordem i, o que aumenta o custo computacional para a solução de equações de ordem mais elevadas.

Neste exemplo, se fosse adotada a restrição $|\theta| \leq \theta_{min}$, em que θ_{min} é um ângulo pequeno, então não seria necessário utilizar ϵ para solucionar o exemplo do pêndulo simples. Por outro lado, a introdução de ϵ permite distinguir a ordem de grandeza dos termos de carregamento e, consequentemente, distribuí-los nas diversas equações diferenciais. Visto de outra forma, o parâmetro ϵ serve como um artifício para rastrear a ordem de grandeza dos termos. Assim, após solucionar as Equações (4.11) e substituindo na Equação (4.9), teremos a solução aproximada que depende da ordem de ε, ou seja,

$$u(t,\varepsilon) = \varepsilon u_1(t) + \varepsilon^2 u_2(t) + \cdots + \varepsilon^n u_n(t) \tag{4.12}$$

4.2.3 Termos seculares

O método de perturbação descrito anteriormente é um procedimento simples, pois as equações diferenciais geradas são lineares e possuem soluções analíticas. No entanto, o uso direto desta técnica é limitado pela lenta convergência da série em ϵ. Em geral, são necessários muitos termos para alcançar uma precisão aceitável, principalmente se o intervalo de tempo de análise for grande. Como a complexidade das funções g_i aumenta rapidamente com a ordem das equações, manter mais que dois ou três termos da série de ϵ torna o processo ineficiente e pouco atrativo.

A perda de precisão do método de perturbação é devida à presença de termos no carregamento, conhecidos como termos seculares, cujas soluções crescem

Métodos analíticos aproximados   71

infinitamente com o tempo. Por exemplo, considere que a equação de i−ésima ordem seja submetida a um carregamento harmônico:

$$\ddot{u}_i\left(t\right) + \omega^2 u_i\left(t\right) = F\ \cos\Omega t \tag{4.13}$$

em que F e Ω são a amplitude e a frequência de excitação externa, respectivamente. O caso em que $\Omega = \omega$ corresponde à condição de ressonância, dessa forma, podemos reescrever a equação anterior da seguinte forma:

$$u_i\left(t\right) = \frac{\dot{u}_i(0)}{\omega}\operatorname{sen}\omega t + u_0(0)\cos\omega t + \frac{F}{2\omega}t\operatorname{sen}\omega t \tag{4.14}$$

O último termo da Equação (4.14) possui amplitude ilimitada porque t pode crescer infinitamente. Substituindo u_i na série de ϵ, Equação (4.13), a aproximação apresentará um termo contendo $\epsilon^i t$. Enquanto $\epsilon^i t \ll 1$, a contribuição desse termo na série estará limitada. Mas para valores de t mais elevados, esse termo assumirá valores de mesma ordem de grandeza da solução linear, violando a ideia de perturbação. A precisão da aproximação u passa a depender fortemente da precisão desse termo. Em geral, a aproximação é útil somente em um intervalo de tempo pequeno em que $\epsilon^i t \ll 1$.

Os termos seculares podem ser identificados por meio da condição de ressonância não amortecida, ou seja, quando a frequência da excitação externa é igual à frequência natural do sistema. Contudo, nem sempre é possível identificar diretamente os termos seculares se o carregamento estiver na forma trigonométrica. Por exemplo, seja a função $\cos^3\omega t$. A verificação da frequência não é suficiente para determinar se o termo é secular, pela presença da potência cúbica. Mas, se a seguinte identidade trigonométrica for utilizada: $\cos^3\left(\omega t\right) = \frac{3}{4}\cos\left(\omega t\right) + \frac{1}{4}\cos\left(3\omega t\right)$, então nota-se que a parcela $\frac{3}{4}\cos\left(\omega t\right)$ é secular.

Alternativamente, os carregamentos podem ser reescritos na forma exponencial por meio das relações:

$$e^{iat} = \cos(at) + i\,sen(at) \tag{4.15}$$

$$\cos(at) = \frac{e^{iat} + e^{-iat}}{2}$$

$$sen(at) = \frac{e^{iat} - e^{-iat}}{2i}$$

Substituindo a Equação (4.15) em $\cos^3 \omega t$ e expandindo o termo cúbico:

$$\cos^3 \omega t = \left(\frac{e^{i\omega t} + e^{-i\omega t}}{2} \right)^3 = \frac{1}{8} \left(e^{3i\omega t} + 3e^{i\omega t} + 3e^{-i\omega t} + e^{-3i\omega t} \right) \tag{4.16}$$

Os termos $\frac{3}{8}e^{i\omega t}$ e $\frac{3}{8}e^{-i\omega t}$ são seculares. Portanto, para encontrar os termos seculares basta avaliar diretamente os expoentes dos carregamentos na forma exponencial.

Apesar da facilidade para encontrar os termos seculares, estes não podem ser removidos diretamente sem que haja, em geral, efeitos colaterais como a perda de precisão das aproximações. As técnicas que se baseiam nos métodos de pertur-bação utilizam estratégias mais sofisticadas para decompor os termos de carrega-mento, gerando novos termos seculares que possam ser eliminados com um menor impacto na qualidade das aproximações. Na próxima seção será apresentada uma dessas técnicas, o método de múltiplas escalas.

4.3 Método de múltiplas escalas

No método de múltiplas escalas (MME), assume-se que a variável u depende de várias escalas do tempo, de modo que:

$$u(t, \epsilon) = u(T_0, T_1, T_2, \ldots, \epsilon) \tag{4.17}$$

em que:

$$T_0 = t; \quad T_1 = \epsilon t; \quad T_2 = \epsilon^2 t; \quad \ldots; \quad T_n = \epsilon^n t \tag{4.18}$$

Métodos analíticos aproximados   73

A escala T_0, que corresponde ao próprio tempo t, é a escala mais rápida. Quanto maior o índice n, mais lenta é a escala. A Equação (4.1) (diferencial) apresenta duas derivadas totais no tempo: $\dot{u}$ e $\ddot{u}$, que devem ser substituídas por suas derivadas parciais por meio da regra da cadeia:

$$\frac{d}{dt}(.) = \frac{dT_0}{dt}\frac{\partial}{\partial T_1}(.) + \frac{dT_1}{dt}\frac{\partial}{\partial T_1}(.) + \frac{dT_2}{dt}\frac{\partial}{\partial T_2}(.) + \dots \tag{4.19}$$

Para simplificar a notação, definiremos o operador derivada como:

$$D_i = \frac{\partial}{\partial T_i} \tag{4.20}$$

Utilizando a Equação (4.18) na Equação (4.19), a derivada primeira pode ser escrita como:

$$\begin{aligned}
\frac{d^2}{dt^2}(.) &= D_0(.) + \epsilon D_1(.) + \epsilon^2 D_2(.) + O(\epsilon^3) = \left[D_0 + \epsilon D_1 + \epsilon^3 D_2 + O(\epsilon^3) \right] \tag{4.21} \\
\frac{d^2}{dt^2}(.) &= \left[D_0^2 + 2\epsilon D_0 D_1 + \epsilon^2 \left(D_1^2 + 2D_0 D_2 \right) + O(\epsilon^3) \right]
\end{aligned}$$

O conjunto de equações diferenciais é obtido seguindo o mesmo procedimento de pertubação apresentado anteriormente, salvo que as derivadas totais devem ser substituídas pelas derivadas parciais. No exemplo do pêndulo simples, se forem utilizadas 3 escalas de tempo $u(t, \epsilon) = u(T_0, T_1, T_2)$, as derivadas totais são substituídas por:

$$\ddot{\theta}_i = \left[D_0^2 + 2\epsilon D_0 D_1 + \epsilon \left(D_1^2 + 2D_0 D_2 \right) \right] \tag{4.22}$$

Substituindo a Equação (4.22) na Equação (4.10):

$$\begin{aligned}
&D_0^2\theta_0 + 2\epsilon D_0\theta_0 D_1\theta_0 + \epsilon^2 \left(D_1^2\theta_0 + 2D_0\theta_0 D_2\theta_0 \right) + \omega^2\theta_0 + \tag{4.23} \\
&+\epsilon \left[D_0^2\theta_1 + 2\epsilon D_0 D_1\theta_1 + \epsilon^2 \left(D_1^2\theta_1 + 2D_0 D_2\theta_1 \right) + \omega^2\theta_1 + \alpha\theta_0^3 \right] + \\
&+\epsilon^2 \left[D_0^2\theta_2 + 2\epsilon D_0 D_1\theta_2 + \epsilon^2 \left(D_1^2\theta_2 + 2D_0 D_2\theta_2 \right) + \omega^2\theta_2 + 3\alpha\theta_0^3\theta_1 \right] + \\
&+O(\epsilon^3) = 0
\end{aligned}$$

Reorganizando os termos de potência em ϵ:

$$\left[D_0^2 + \theta_0 + \omega^2\theta_0\right] + \epsilon\left[D_0^2\theta_1 + \omega^2\theta_1 + \alpha\theta_0^3 + 2D_0D_1\theta_0\right] \tag{4.24}$$
$$+\epsilon^3\left[D_0^2\theta_2 + \omega^2\theta_2 + 3\alpha\theta_0^2\theta_1 + D_1^2\theta_0 + 2D_0D_2\theta_0 + 2D_0D_1\theta_1\right]$$
$$+O(\epsilon^3) = 0$$

Finalmente, anulando os termos de cada potência em ϵ e transferindo o carregamento para o lado direito:

$$Ordem \quad 0 \quad : \quad D_0^2\theta_0 + \omega^2\theta_0 = 0 \tag{4.25}$$
$$Ordem \quad 1 \quad : \quad D_0^2\theta_0 + \omega^2\theta_1 = -\alpha\theta_0^3 - 2D_0D_1\theta_0$$
$$Ordem \quad 2 \quad : \quad D_0^2\theta_2 + \omega^2\theta_2 = -3\alpha\theta_0^2\theta_1 - D_1^2\theta_0 - 2D_0D_2\theta_0 - 2D_0D_1\theta_1$$

As equações diferenciais ordinárias da Equação (4.11) foram substituídas por equações diferenciais parciais da Equação (4.25), o que aparentemente torna o problemas mais complexo. Apesar de as equações diferenciais envolverem múltiplas escalas, o lado esquerdo das Equações (4.25) contém somente derivadas na escala T_0. Dessa forma, elas podem ser resolvidas como se fossem equações diferenciais ordinárias. A principal diferença entre as Equações (4.11) e (4.25) encontra-se no lado direito, ou seja, nos carregamentos. Os carregamentos possuem mais termos no MME que no método de perturbação direta.

A presença de termos seculares é inerente aos métodos de perturbação, ocorrendo também no MME. Em virtude da presença de mais termos nos carregamentos do MME, é possível normalmente escolher uma solução que não possua termos seculares. Isso é feito impondo-se a condição de que todos os termos seculares sejam nulos. Com a eliminação dos termos seculares, a solução aproximada pode ser aplicada em um intervalo de tempo mais longo, sem que haja a necessidade de utilizar ordens mais elevadas de aproximação.

4.4 Equações de modulação

O sistema modelado[2] pode ser interpretado utilizando-se as equações de resposta em frequência. Por meio delas, é possível avaliar a influência dos diversos parâmetros sobre as respostas do sistema e localizar possíveis comportamentos não lineares.

4.4.1 Método de múltiplas escalas com múltiplos graus de liberdade

Nesta seção o MME será estendido para problemas com múltiplos graus de liberdade. Considere:

$$\ddot{u}_1(t) + \omega_1^2 u_1(t) + \epsilon g_1(\dot{u}_i, u_i, t) - f_1(t) = 0 \qquad (4.26)$$
$$\ddot{u}_2(t) + \omega_2^2 u_2(t) + \epsilon g_3(\dot{u}_i, u_i, t) - f_3(t) = 0$$
$$\vdots$$
$$\ddot{u}_i(t) + \omega_i^2 u_i(t) + \epsilon g_i(\dot{u}_i, u_i, t) - f_i(t) = 0$$

em que m é o número de graus de liberdade e $i = 1, 2, \ldots, m$. Note que no problema linearizado, quando $\epsilon = 0$, as variáveis u_i estão desacopladas. Em geral utiliza-se uma transformação de variáveis modais para obter a forma da Equação (4.26).

As expansões em série de ϵ para as variáveis são dadas por:

$$u_i(t, \epsilon) = u_{i,0}(t) + \epsilon u_{i,1}(t) + \epsilon^2 u_{i,2}(t) + \cdots + \epsilon^n u_{i,n}(t) \qquad (4.27)$$

em que u_i são variáveis a serem calculadas, o primeiro índice i corresponde ao grau de liberdade, e o segundo índice, à ordem da aproximação.

Substituindo a série de ϵ e as derivadas totais pelas derivadas parciais na Equação (4.26) e anulando os termos de mesma potência de ϵ, obtêm-se as equações MME, que podem ser expressas como:

---

[2] As equações de modulação fornecem relações entre as amplitudes e as fases das soluções aproximadas. Elas são obtidas anulando-se os termos seculares. As restrições geradas a partir das equações de modulação devem ser satisfeitas pelas soluções aproximadas, visto que tais restrições equivalem a atender à hipótese de que os termos seculares são nulos.

Ordem 0:

$$\begin{aligned}
D_0^2 u_{1,0}(t) + \omega_1^2 u_{1,0}(t) &= f_1(t) \qquad (4.28)\\
D_0^2 u_{2,0}(t) + \omega_2^2 u_{2,0}(t) &= f_2(t)\\
&\vdots\\
D_0^2 u_{m,0}(t) + \omega_m^2 u_{m,0}(t) &= f_m(t)
\end{aligned}$$

Ordem 1:

$$\begin{aligned}
D_0^2 u_{1,1}(t) + \omega_1^2 u_{1,1}(t) &= -g_{1,1}\left(D_k^2 u_{i,j}, D_k u_{i,j}, u_{i,j}, t\right) \qquad (4.29)\\
D_0^2 u_{2,1}(t) + \omega_2^2 u_{2,1}(t) &= -g_{2,1}\left(D_k^2 u_{i,j}, D_k u_{i,j}, u_{i,j}, t\right)\\
&\vdots\\
D_0^2 u_{m,1}(t) + \omega_m^2 u_{m,1}(t) &= -g_{m,1}\left(D_k^2 u_{i,j}, D_k u_{i,j}, u_{i,j}, t\right)
\end{aligned}$$

para $i = 1, 2, \cdots, m$; $j < 1$.

Ordem 2:

$$\begin{aligned}
D_0^2 u_{1,2}(t) + \omega_1^2 u_{1,2}(t) &= -g_{1,2}\left(D_k^2 u_{i,j}, D_k u_{i,j}, u_{i,j}, t\right) \qquad (4.30)\\
D_0^2 u_{2,2}(t) + \omega_2^2 u_{2,2}(t) &= -g_{2,2}\left(D_k^2 u_{i,j}, D_k u_{i,j}, u_{i,j}, t\right)\\
&\vdots\\
D_0^2 u_{m,2}(t) + \omega_m^2 u_{m,2}(t) &= -g_{m,2}\left(D_k^2 u_{i,j}, D_k u_{i,j}, u_{i,j}, t\right)
\end{aligned}$$

para $i = 1, 2, \cdots, m$ e $j < 2$.

Métodos analíticos aproximados 77

Ordem n:

$$D_0^2 u_{1,n}(t) + \omega_1^2 u_{1,n}(t) = -g_{1,n}\left(D_k^2 u_{i,j}, D_k u_{i,j}, u_{i,j}, t\right) \qquad (4.31)$$

$$D_0^2 u_{2,n}(t) + \omega_2^2 u_{2,n}(t) = -g_{2,n}\left(D_k^2 u_{i,j}, D_k u_{i,j}, u_{i,j}, t\right)$$

$$\vdots$$

$$D_0^2 u_{m,n}(t) + \omega_m^2 u_{m,n}(t) = -g_{m,n}\left(D_k^2 u_{i,j}, D_k u_{i,j}, u_{i,j}, t\right)$$

para $i = 1, 2, \cdots, m$ e $j < n$.

Alternativamente à Equação (4.27) pode-se utilizar a expansão:

$$u_i(t, \epsilon) = \epsilon\, u_{i,1}(t) + \epsilon^2\, u_{i,2}(t) + \ldots + \epsilon^n\, u_{i,n}(t) \qquad (4.32)$$

4.4.2 Método de múltiplas escalas com múltiplos graus de liberdade

Neste caso, a Equação (4.26) deve ser ajustada para que as forças externas $f_i(t)$ sejam classificadas entre as equações MME. Por exemplo:

$$\ddot{u}_1(t) + \omega_1^2 u_1(t) + \epsilon\, g_1(\dot{u}_i, u_i, t) - \epsilon f_1(t) = 0 \qquad (4.33)$$

$$\ddot{u}_2(t) + \omega_2^2 u_2(t) + \epsilon\, g_2(\dot{u}_i, u_i, t) - \epsilon f_2(t) = 0$$

$$\vdots$$

$$\ddot{u}_m(t) + \omega_m^2 u_m(t) + \epsilon\, g_m(\dot{u}_i, u_i, t) - \epsilon f_m(t) = 0$$

Substituindo a Equação (4.28) na Equação (4.29) e agrupando os termos de mesma potência de ϵ:

Ordem 1:

$$\begin{aligned}
D_0^2 u_{1,1}(t) + \omega_1^2 u_{1,1}(t) &= f_1(t) \\
D_0^2 u_{2,1}(t) + \omega_2^2 u_{2,1}(t) &= f_2(t) \\
&\vdots \\
D_0^2 u_{m,0}(t) + \omega_m^2 u_{m,0}(t) &= f_m(t)
\end{aligned} \tag{4.34}$$

Ordem 2:

$$\begin{aligned}
D_0^2 u_{1,2}(t) + \omega_1^2 u_{1,2}(t) &= -g_{1,2}\left(D_k^2 u_{i,j}, D_k u_{i,j}, u_{i,j}, t\right) \\
D_0^2 u_{2,2}(t) + \omega_2^2 u_{2,2}(t) &= -g_{2,2}\left(D_k^2 u_{i,j}, D_k u_{i,j}, u_{i,j}, t\right) \\
&\vdots \\
D_0^2 u_{m,2}(t) + \omega_m^2 u_{m,2}(t) &= -g_{m,2}\left(D_k^2 u_{i,j}, D_k u_{i,j}, u_{i,j}, t\right)
\end{aligned} \tag{4.35}$$

para $i = 1, 2, \cdots, m$ e $j < 2$.

Ordem 3:

$$\begin{aligned}
D_0^2 u_{1,3}(t) + \omega_1^2 u_{1,3}(t) &= -g_{1,3}\left(D_k^2 u_{i,j}, D_k u_{i,j}, u_{i,j}, t\right) \\
D_0^2 u_{2,3}(t) + \omega_2^2 u_{2,3}(t) &= -g_{2,3}\left(D_k^2 u_{i,j}, D_k u_{i,j}, u_{i,j}, t\right) \\
&\vdots \\
D_0^2 u_{m,3}(t) + \omega_m^2 u_{m,3}(t) &= -g_{m,3}\left(D_k^2 u_{i,j}, D_k u_{i,j}, u_{i,j}, t\right)
\end{aligned} \tag{4.36}$$

para $i = 1, 2, \cdots, m$ e $j < 3$.

Métodos analíticos aproximados 79

Ordem n:

$$D_0^2 u_{1,n}(t) + \omega_1^2 u_{1,n}(t) = -g_{1,n}\left(D_k^2 u_{i,j}, D_k u_{i,j}, u_{i,j}, t\right) \quad (4.37)$$

$$D_0^2 u_{2,n}(t) + \omega_2^2 u_{2,n}(t) = -g_{2,n}\left(D_k^2 u_{i,j}, D_k u_{i,j}, u_{i,j}, t\right)$$

$$\vdots$$

$$D_0^2 u_{m,n}(t) + \omega_m^2 u_{m,n}(t) = -g_{m,n}\left(D_k^2 u_{i,j}, D_k u_{i,j}, u_{i,j}, t\right)$$

para $i = 1,\ 2, \cdots, m$ e $j < n$

As variáveis $u_{i,j}$ podem ser armazenadas em um formato matricial como mostram as Tabelas 4.1 e 4.1.[3]

Tabela 4.1: Expansão em série de ϵ a partir da ordem 0

	Nível 1	Nível 2	Nível 3	...	Nível $N = n+1$
	Ordem 0	Ordem 1	Ordem 2	...	Ordem n
Variável 1	$u_{1,0}$	$u_{1,1}$	$u_{1,2}$	...	$u_{1,n}$
Variável 2	$u_{2,0}$	$u_{2,1}$	$u_{2,2}$	...	$u_{2,n}$
$\vdots$	$\vdots$	$\vdots$	$\vdots$	$\vdots$	$\vdots$
Variável m	$u_{m,0}$	$u_{m,1}$	$u_{m,2}$	...	$u_{m,n}$

Tabela 4.2: Expansão em série de ϵ a partir da ordem 1

	Nível 1	Nível 2	Nível 3	...	Nível $N = n$
	Ordem 1	Ordem 2	Ordem 3	...	Ordem n
Variável 1	$u_{1,0}$	$u_{1,1}$	$u_{1,2}$	...	$u_{1,n}$
Variável 2	$u_{2,0}$	$u_{2,1}$	$u_{2,2}$	...	$u_{2,n}$
$\vdots$	$\vdots$	$\vdots$	$\vdots$	$\vdots$	$\vdots$
Variável m	$u_{m,0}$	$u_{m,1}$	$u_{m,2}$	...	$u_{m,n}$

---

[3]A primeira tabela corresponde à Equação (4.27), e a segunda, à Equação (4.30). As colunas das Tabelas 4.1 e 4.1 serão referenciadas neste livro como níveis. A primeira coluna corresponde ao nível 1, podendo conter a ordem 0 ou a ordem 1 dependendo da expansão da série de ϵ adotada

80   *Sistemas dinâmicos e mecatrônicos, vol. 1*

4.4.3 Implementação do método de múltiplas escalas

Os métodos de perturbação, incluindo o MME, são métodos algébricos de resolução de equações diferenciais. As equações geradas por esses métodos podem ser bastante extensas, dependendo da ordem da aproximação adotada.

Pra auxiliar a resolução desses problemas é apresentado o procedimento do MME é apresentado no fluxograma da Figura 4.2. As operações efetuadas em cada etapa deste procedimento são detalhadas a seguir:

1. Definir o problema dinâmico:

   - Escrever as m equações de equilíbrio dinâmico do problema.

   - Classificar os termos não lineares utilizando o parâmetro ϵ.

   - Selecionar o tipo de expansão de série de ϵ (ordem 0 ou ordem 1).

   - Selecionar o número máximo N de níveis da aproximação.

2. Gerar as equações MME:

   - Criar as escalas de tempo: $T_0, T_1, .., T_{N-1}$.

   - Calcular as derivadas parciais para as escalas de tempo.

   - Criar as expansões de série de ϵ para as variáveis u_i.

   - Substituir as derivadas totais pelas suas derivadas parciais nas equações de equilíbrio dinâmico.

   - Substituir as variáveis pelas suas expansões de série de ϵ.

   - Substituir a escala de tempo $t = T_0$.

   - Agrupar os termos de mesma potência em ϵ e igualá-los a zero.

   - Passar os carregamentos para o lado direito da equação e obter as equações MME no formato das Equações (4.27) ou (4.30).

3. Resolver as equações MME do nível 1:

   - Calcular as soluções homogêneas e particulares das equações MME para o nível 1.

   - Expressar as soluções no formato trigonométrico e no formato exponencial, utilizando a relação polar descrita na Equação (4.14).

Métodos analíticos aproximados 81

4. Substituir as soluções anteriores nos carregamentos do nível j.

5. Identificar e separar os termos seculares:

- Os termos seculares possuem a mesma frequência natural da equação diferencial que está do lado esquerdo da equação MME. A identificação pode ser feita diretamente quando os termos são expressos na forma exponencial. Escrever as equações MME na forma exponencial.

- Em certos casos, é necessário definir a frequência de interesse utilizando o parâmetro de sintonia. Introduzir o parâmetro de sintonia para a frequência analisada.

- Separar os termos seculares.

- Remover os termos seculares dos carregamentos.

6. Gerar as equações de modulação utilizando os termos seculares:

- Reescrever a equação dos termos seculares na forma trigonométrica.

- Separar a parte real e a parte imaginária da equação dos termos seculares.

7. Gerar as equações de resposta em frequência

- Introduzir a mudança de variável para equações autônomas.

- Combinar as partes real e imaginária das equações de modulação em uma única equação de resposta em frequência.

8. Resolver as equações MME do nível j sem os termos seculares:

- Calcular as soluções particulares das equações MME para o nível j. Nesta etapa as soluções homogêneas não são necessárias, pois elas estão representadas na primeira aproximação no nível 1.

- As aproximações $u_{i,j}$ devem atender às restrições para anular os termos seculares. Utilizar essas restrições quando aplicável.

9. Substituir as soluções na série de ϵ e obter as aproximações para u_i:

- Escrever as equações na forma trigonométrica para facilitar o uso e a interpretação destas.

- As aproximações u_i devem atender às restrições para anular os termos seculares. Utilizar essas restrições quando aplicável.

- Substituir as escalas de tempo pela variável t e eliminar o parâmetro ϵ substituindo-o por $\epsilon = 1$.

Algumas etapas do procedimento apresentado variam conforme o problema analisado. Tal fato torna a implementação computacional bastante complexa, caso este seja tratado como um todo. Em vez de tentar obter um programa de resolução geral, preferiu-se adotar a estratégia de implementar rotinas para a resolução de partes do problema. Isso permite que o usuário faça as intervenções necessárias para cada tipo de problema. Apesar de as equações de resposta em frequência serem um subproduto do MME, é comum considerar que estas sejam mais importantes para a análise do comportamento do sistema no regime permanente. Neste caso, o procedimento pode ser interrompido antes de completar a resolução das aproximações. Na Figura 4.2 é indicado um segundo bloco de fim, em linhas tracejadas, após a geração das equações de resposta em frequência.

Métodos analíticos aproximados

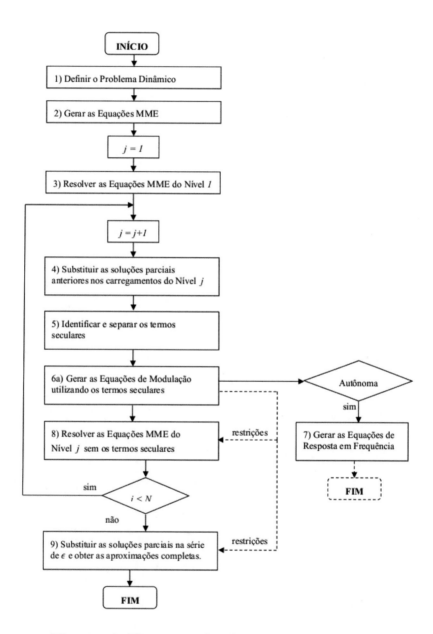

Figura 4.2: Fluxograma do método de múltiplas escalas.

Capítulo 5

Identificação paramétrica

5.1 Introdução

A metodologia proposta é para estimar os parâmetros constantes de um modelo previamente escolhidos por meio de dados experimentais. Normalmente, cada experimento é projetado para determinar os parâmetros do modelo estudado, o que significa que vários ensaios são necessários para caracterizar todos os parâmetros desse modelo. Assim, as variáveis independentes do ensaio são, por exemplo, os graus de liberdade, as frequências do carregamento e as amplitudes do carregamento, e as variáveis que serão medidas em ensaio são as amplitudes dos deslocamentos, estas geralmente decompostas por meio de análises espectrais, ou seja, pela análise do *Fast Fourier Transform* (FFT).

Consideremos como exemplo um sistema com dois graus de liberdade, descrito pelas seguintes equações:

$$\ddot{u}_1 + \omega_1^2 u_1 + \mu_1 \dot{u}_1 + \frac{\partial V_{NL}}{\partial u_1} = F_1(t) \tag{5.1}$$

$$\ddot{u}_2 + \omega_2^2 u_2 + \mu_2 \dot{u}_2 + \frac{\partial V_{NL}}{\partial u_2} = F_2(t)$$

em que u_1 e u_2 são as variáveis modais, μ_1 e μ_2 são as constantes de amortecimento viscoso, F_1 e F_2 são as forças externas modais e V_{NL} é a função potencial não linear.

Vamos considerar também o potencial não linear, definido da seguinte forma:

$$V_{NL} = \frac{1}{3}\delta_1 u_1^3 + \delta_2 u_1^2 u_2 + \delta_3 u_1 u_2^2 + \frac{1}{3}\delta_4 u_2^3 + \tag{5.2}$$
$$+ \frac{1}{4}\alpha_1 u_1^4 + \alpha_2 u_1^3 u_2 + \frac{1}{2}\alpha_3 u_1^2 u_2^2 + \alpha^4 u_1 u_2^3 + \frac{1}{4}\alpha_5 u_2^4$$

Assim, calculando as derivadas parciais em relação a u_1 e u_2, teremos:

$$\frac{\partial V_{NL}}{\partial u_1} = \delta_1 u_1^2 + 2\delta_2 u_1 u_2 + \delta_3 u_2^2 + \alpha_1 \delta_1^3 + 3\alpha_2 u_1^2 u_2 + \alpha_3 u_1 u_2^3 + \alpha_4 u_2^3 \tag{5.3}$$
$$\frac{\partial V_{NL}}{\partial u_2} = \delta_2 u_1^2 + 2\delta_3 u_1 u_2 + \delta_4 u_2^2 + \alpha_2 \delta_1^3 + \alpha_3 u_1^2 u_2 + 3\alpha_4 u_1^2 u_2 + \alpha_5 u_2^3$$

Substituindo as derivadas da Equação (5.3) nas Equações (5.1), obtemos um modelo com as não linearidades quadrática e cúbica:

$$\ddot{u}_1 + \omega_1^2 u_1 + 2\mu_1 \dot{u}_1 + \delta_1 u_1^2 + 2\delta_2 u_1 u_2 + \delta_3 u_2^2 + \tag{5.4}$$
$$+ \alpha_1 u_1^3 + \alpha_1 u_1^2 + 3\alpha_2 u_1^2 u_2 + \alpha_3 u_1 u_2^3 + \alpha_4 u_2^3 = F_1(t)$$
$$\ddot{u}_2 + \omega_2^2 u_2 + 2\mu_2 \dot{u}_2 + \delta_2 u_1^2 + 2\delta_3 u_1 u_2 + \delta_4 u_2^2$$
$$+ \alpha_2 u_1^3 + \alpha_3 u_1^2 u_2 + 3\alpha_4 u_2^2 u_1 + \alpha_5 u_2^3 = F_2(t)$$

Os termos quadráticos e cúbicos são separados como ilustrado na tabela a seguir.

Tabela 5.1: Parâmetros

Equação	Quadrático			Cúbico			
	u_1^2	$u_1 u_2$	u_2^2	u_1^3	$u_1^2 u_2$	$u_1 u_2^2$	u_2^3
u_1	δ_1	δ_2	δ_3	α_1	α_2	α_3	α_4
u_2	δ_2	δ_3	δ_4	α_2	α_3	α_4	α_5

5.2 Identificação dos parâmetros

A seguir, descreveremos a obtenção dos parâmetros da Tabela 5.1.

5.2.1 Parâmetro δ_1

Para obter o parâmetro δ_1, devemos excitar o modelo pelo seguinte carregamento sub-harmônico:

$$
\begin{aligned}
F_1(t) &= 2f_1 \cos(\Omega_1 t) \\
F_1(t) &= 0
\end{aligned}
\tag{5.5}
$$

em que $\Omega \approx 2\omega_1$. Logo, obtemos a solução no regime permanente para o método de múltiplas escalas (MME). As Equações (5.6) descrevem a solução do modelo da Equação (5.4):

$$
\begin{aligned}
u_1 &= a \cos\left[\frac{1}{2}(\Omega_1 t - \gamma)\right] + \frac{2f_1}{\omega_1^2 - \Omega_1^2}\cos(\Omega_1 t) + \\
&\quad \frac{\delta_1 a^2}{2\omega_1^2}\left[\frac{1}{3}\cos(\Omega_1 t - \gamma)\right] + \ldots \\
u_2 &= \frac{\delta_2 a^2}{2(4\omega_1^2 - \omega_2^2)}\cos(\Omega_1 t - \gamma) - \frac{\delta_2 a^2}{2\omega_2^2} + \ldots
\end{aligned}
\tag{5.6}
$$

De uma certa forma, podemos eliminar os termos seculares, o que satisfaz a seguinte relação:

$$
S_{11}a^2 = X1 \equiv \frac{1}{2}\omega_1(\Omega_1 - 2\omega_1) \pm \left[\frac{f_1^2 \delta_1^2}{(\Omega_1^2 - \omega_1^2)^2} - \omega_1^2 \mu_1^2\right]
\tag{5.7}
$$

em que S_{11} é uma constante que depende somente das frequências naturais e dos parâmetros do modelo. Assim, a amplitude de excitação f_1 é considerada uma variável independente e a variável dependente é a amplitude do deslocamento α. A Figura 5.1 ilustra o comportamento da variação da amplitude da resposta com a amplitude da excitação.

Podemos observar na Figura 5.1 que há dois saltos, ζ_1 e ζ_2. O primeiro salto é caracterizado fazendo $a = 0$ e $f_1 = 0$, em que obtemos:

$$
\frac{\zeta_2^2 \delta_2^2}{(\omega_2^2 - \Omega_2^2)^2} = \omega_1^2 \mu_1^2 + \frac{1}{4}\omega_1^2(\Omega_2 - 2\omega_1)^2
\tag{5.8}
$$

Já o segundo salto é determinado por:

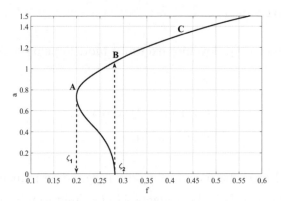

Figura 5.1: Variação da amplitude de resposta com a amplitude de excitação.

$$\left[\frac{f_1^2 \delta_1^2}{(\omega_1^2 - \Omega_1^2)^2} - \omega_1^2 \mu_1^2\right]^{1/2} = 0 \qquad (5.9)$$
$$f_1 = \zeta_1$$

Assim, podemos obter a seguinte equação:

$$\zeta_1 = \frac{\omega_1 \mu_1 (\Omega_1^2 - \omega_1^2)}{|\delta_1|} \qquad (5.10)$$

Logo, medindo o valor de ζ_1 ou ζ_2 é possível calcular a norma de δ_1 por meio das Equações (5.9) ou (5.10), contudo, o sinal do parâmetro δ_1 não pode ser obtido por essas equações. Então, o sinal de δ_1 que está relacionado com a componente de *drift* pode ser determinado considerando as Equações (5.1), pois suas soluções não possuem termos que variam com o tempo, desse forma:

$$u_1 = a\cos\left[\frac{1}{2}(\Omega_1 t - \gamma)\right] + \frac{2f_1}{\omega_1^2 - \Omega_1^2}\cos(\Omega_1 t) + \ldots \qquad (5.11)$$
$$\frac{\delta_1 a^2}{2\omega_1^2}\left[\frac{1}{3}\cos(\Omega_1 t - \gamma) - 1\right] + \ldots$$
$$u_2 = \frac{\delta_2 a^2}{2(4\omega_1^2 - \omega_2^2)}\cos(\Omega_1 t - \gamma) - \frac{\delta_2 a^2}{2\omega_2^2} + \ldots$$

Identificação paramétrica 89

Nota-se que os termos $-\frac{\delta_1 a^2}{2\omega_1^2}$ e $-\frac{\delta_2 a^2}{2\omega_2^2}$ contêm δ_1 e δ_2. Além disso, o sinal desses termos depende somente do sinal de δ_1 e δ_2. As componentes de *drift* podem ser medidas utilizando-se análise espectral. Elas correspondem às amplitudes de u_1 e u_2 para a frequência nula, ou seja, que não varia com o tempo.

5.2.2 Parâmetro δ_2

Para estimar o parâmetro δ_2, o modelo é excitado pelo seguinte carregamento sub-harmônico:

$$
\begin{aligned}
F_1(t) &= 0 \\
F_1(t) &= 2f_1 \cos(\Omega_1 t)
\end{aligned}
\tag{5.12}
$$

As soluções no regime permanente para este problema, obtidas pelo método de perturbação, são dadas por:

$$
\begin{aligned}
u_1 &= a\cos\left[\frac{1}{2}(\Omega_2 t - \gamma)\right] + \frac{\delta_1 a^2}{2\omega_1^2}\left[\frac{1}{3}\cos(\Omega_2 t - \gamma) - 1\right] + \dots \\
u_2 &= \frac{2\delta_2}{\omega_2^2 - \omega_2^2}\cos(\Omega_2 t) + \frac{\delta_2 a^2}{2(4\omega_1^2 - \omega_2^2)}\cos(\Omega_2 t - \gamma) - \frac{\delta_2 a^2}{2\omega_2^2} + \dots
\end{aligned}
\tag{5.13}
$$

Para eliminar os termos seculares, a seguinte relação deve ser satisfeita:

$$
S_{11}a^2\frac{1}{2}\omega_1(\Omega_2 - 2\omega_1) \pm \left[\frac{f_2^2\delta_2^2}{(\Omega_2^2 - \omega_2^2)^2} - \omega_1^2\mu_1^2\right]
\tag{5.14}
$$

De forma análoga, a Equação (5.7) é uma constante que depende somente das frequências naturais e dos parâmetros do modelo. A amplitude de excitação f_2 é considerada uma variável independente, e a amplitude de deslocamento a, uma variável dependente. Então, recorremos à Figura 5.2.

Como no caso anterior, a Figura 5.2 possui dois saltos. Assim, podemos caracterizá-los considerando $a = 0$, $f_2 = \zeta_2$ e

$$
\frac{\zeta_2^2\delta_2^2}{(\omega_2^2 - \Omega_2^2)} = \omega_1^2\mu_1^2 + \frac{1}{4}\omega_1^2(\Omega_2 - 2\omega_1)^2
\tag{5.15}
$$

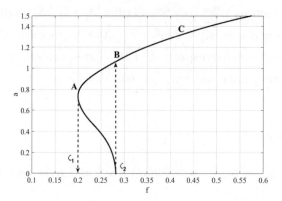

Figura 5.2: Variação da amplitude de resposta com a amplitude de excitação.

O segundo salto é definido pelo ponto:

$$\frac{f_2^2 \delta_2^2}{(\omega_2^2 - \Omega_2^2)^2} - \omega_1^2 \mu_1^2 = 0 \tag{5.16}$$

$$f_2 = \zeta_1$$

Dessa forma, obtemos ζ_1, que é descrito pela seguinte equação:

$$\zeta_1 = \frac{\omega_1 \mu_1 (\Omega_2^2 - \omega_2^2)}{|\delta_2|} \tag{5.17}$$

Medindo os valores de ζ_1 e ζ_2 é possível calcular a norma de δ_2 por meio das Equações (5.16) e (5.17). No entanto, como para δ_1, o sinal de δ_2 não pode ser obtido pelas equações anteriores. Portanto, de forma análoga ao δ_1, para obter o sinal de δ_2 devemos medir a componente de *drift*.

5.2.3 Parâmetro α_1

Com a obtenção dos parâmetros δ_1 e δ_2, o parâmetro α_1 pode ser obtido da seguinte forma:

- Escolher um dos experimentos anteriores e medir a amplitude a por análise espectral. Por exemplo, no segundo experimento, a é a amplitude de u_1 para a frequência de $\frac{\Omega_2}{2}$.

- Calcular a constante S_{11} da Equação (5.14).

Identificação paramétrica

- Calcular α_1 pela Equação (5.7).

5.2.4 Parâmetro α_2

Para estimar o parâmetro α_2, o modelo deve ser excitado pelo seguinte carregamento sub-harmônico:

$$
\begin{aligned}
F_1(t) &= 0 \\
F_2(t) &= 2f_2 \cos(\Omega_2 t)
\end{aligned}
\tag{5.18}
$$

em que $\Omega_2 \approx 3\omega_1$.

A solução no regime permanente para o problema é obtida pelo método de pertubação e dada por:

$$
u_1 = \alpha \cos\left(\frac{\Omega_2 t - \gamma}{3}\right) + \frac{\delta_1 \alpha^2}{2\omega_1^2}\left[\frac{1}{3}\cos\left(\frac{2\Omega_2 t - 2\gamma}{3}\right) - 1\right] + \ldots
\tag{5.19}
$$

$$
u_2 = 2\Lambda_2 \cos(\Omega_2 t) + \frac{\delta_2 a^2}{2(4\omega_1^2 - \omega_2^2)}\cos\left(\frac{2}{3}\Omega_2 t - \frac{2}{3}\gamma\right) - \frac{\delta_2 a^2 + 4\delta_4 \Lambda_2^2}{2\omega_2^2} + \ldots
$$

em que $\Lambda_2 = \frac{f_2}{\omega_2^2 - \Omega_2^2}$.

Para eliminar os termos seculares, a seguinte relação deve ser satisfeita:

$$
\omega_1^2 + \mu_1^2 + \left[\frac{1}{3}\omega_1(\Omega_2 - 3\omega_1) - \frac{1}{2}S_1 - S_{11}a^2\right]^2 = \frac{\Lambda^2 a^2}{16}
\tag{5.20}
$$

em que:

$$
\Lambda = \Lambda_1\left[\frac{4\delta_1 \delta_2}{\Omega_2(\Omega_2 - 2\omega_2)} + \frac{4\delta_2 \delta_3}{(\Omega_2 - \omega_1)^2 - \omega_2^2} + \frac{2\delta_1 \delta_2}{3\omega_1^2} + \frac{2\delta_2 \delta_3}{4\omega_1^2 - \omega_2^2} + 3\alpha_2\right]
\tag{5.21}
$$

$$
\begin{aligned}
S_1 &= 2\alpha_3 \Lambda_2^2 + \frac{8\delta_2^2 \Lambda_2^2}{\Omega_2^2 - 4\omega_1^2} + \frac{4\delta_3^2 \Lambda_2^2}{(\Omega_2 + \omega_1)^2 - \omega_2^2} \\
&+ \frac{4\delta_3^2 \Lambda_2^2}{(\Omega_2 - \omega_1)^2 - \omega_2^2} - \frac{4\delta_1 \delta_3 \Lambda_2^2}{\omega_1^2 \Lambda_2^2} - \frac{4\delta_2 \delta_3 \Lambda_2^2}{\omega_2^2}
\end{aligned}
\tag{5.22}
$$

Dessa forma, para obter o parâmetro α_2, devemos seguir os seguintes passos:

- Calcular S_1 utilizando os parâmetros anteriormente calculados (σ_1, σ_2, σ_3, σ_4, α_3) e a Equação (5.22).

- Obter a amplitude a por meio de análise espectral, que corresponde à amplitude de u_1 para a frequência de $1/3\Omega$.

- Calcular o valor de Λ.

- Calcular α_2.

5.2.5 Parâmetro α_3

Para estimar o parâmetro α_3, o modelo deve ser excitado pelo seguinte carregamento sub-harmônico:

$$F_1(t) = 2f_1 \cos(\Omega_1 t) \qquad (5.23)$$
$$F_2(t) = 2f_2 \cos(\Omega_2 t)$$

em que $\Omega_1 \approx 2\omega_1$ e $\Omega_2 \approx 2\omega_2$.

Dessa forma, a solução no regime permanente para este problema, obtida pelo método de perturbação, é dada por:

$$
\begin{aligned}
u_1 &= \alpha_1 \cos\left[\frac{1}{2}\left(\Omega_1 t - \gamma_1\right)\right] + \frac{2f_1}{\omega_1^2 - \Omega_1^2} \cos(\Omega_1 t) + \ldots \qquad (5.24)\\
&\quad + \frac{\delta_1 \alpha_1^2}{2\omega_1^2}\left[\frac{1}{3}\cos(\Omega_1 t - \gamma_1) - 1\right] + \ldots \\
u_2 &= \alpha_2 \cos\left[\frac{1}{2}\left(\Omega_1 t - \gamma_2\right)\right] + \frac{2f_2}{\omega_2^2 - \Omega_2^2} \cos(\Omega_2 t) \\
&\quad + \frac{\delta_4 \alpha_2^2}{2\omega_2^2}\left[\frac{1}{3}\cos(\Omega_2 t - \gamma_2) - 1\right] + \ldots
\end{aligned}
$$

Para o parâmetro α_3, teremos de eliminar os termos seculares, em que as seguintes relações devem ser satisfeitas:

$$
\begin{aligned}
\alpha_1^2 &= \frac{X_1 S_{22} - X_2 S_{12}}{S_{11} S_{22} - S_{22}^2} \qquad (5.25)\\
\alpha_2^2 &= \frac{X_2 S_{11} - X_1 S_{12}}{S_{11} S_{22} - S_{12}^2}
\end{aligned}
$$

Identificação paramétrica 93

em que:

$$8S_{12} = 2\alpha_3 + \frac{8\delta_2^2}{\omega_2^2 - 4\omega_1^2} + \frac{8\delta_3^2}{\omega_2^2 - 4\omega_1^2} - \frac{4\delta_1\delta_3}{\omega_1^2} - \frac{4\delta_2\delta_4}{\omega_2^2} \tag{5.26}$$

Dessa forma, as amplitudes de α_1 e α_2 devem ser obtidas por análise espectral dos deslocamentos de u_1 e u_2. Logo depois, avaliar o valor de S_{11} e, finalmente, calcular α_3.

5.2.6 Parâmetro α_4

De forma análoga aos demais parâmetros, estimaremos os valores de α_4 considerando o seguinte carregamento sub-harmônico:

$$\begin{aligned} F_1(t) &= 2f_1\cos(\Omega_1 t) \\ F_2(t) &= 0 \end{aligned} \tag{5.27}$$

Dessa forma, obtemos as seguintes soluções para o regime permanente para este problema, obtida pelo método de perturbação, dada pelas seguintes equações:

$$u_1 = 2\Lambda_1\cos(\Omega_1 t) + \frac{\delta_3 a^2}{2(4\omega_2^2 - \omega_1^2)}\cos\left(\frac{2\Omega_1 t - 2\gamma}{3}\right) - \frac{\delta_3 a^2 + 4\delta_1\Lambda_1^2}{2\omega_1^2} + (5.28)$$

$$u_2 = a\cos\left(\frac{\Omega_1 t - \gamma}{3}\right) + \frac{\delta_4 a^2}{2\omega_2^2}\left[\frac{1}{3}\cos\left(\frac{2\Omega_1 t - 2\gamma}{3}\right) - 1\right] + \dots$$

em que $\Lambda_1 = \frac{f_1}{\omega_1^2 - \Omega_1^2}$.

Para eliminação dos termos seculares, a seguinte relação deve ser satisfeita:

$$\omega_2^2\mu_2^2 + \left[\frac{1}{3}\omega_2(\Omega_1 - 3\omega_2) - \frac{1}{2}S_2 - S_{22}a^2\right] = \frac{1}{16}\Lambda^2 a^2 \tag{5.29}$$

em que:

$$\Lambda = \Lambda_1\left[\frac{4\delta_3\delta_4}{\Omega_1(\Omega_1 - 2\omega_2)} + \frac{4\delta_2\delta_3}{(\Omega_1 - \omega_2) - \omega_1^2} + \frac{2\sigma_3\sigma_4}{3\omega_2^2} + \frac{2\sigma_2\sigma_3}{4\omega_2^2 - \omega_1^2}\right] \tag{5.30}$$

$$S_2 = \Lambda_1^2 2\alpha_3\frac{8\delta_3^2}{\Omega_1^2 - 4\omega_2^2} + \frac{4\delta_2^2}{(\Omega_1 + \omega_2)^2 - \omega_1^2} + \frac{4\delta_2^2}{(\Omega_1 - \omega_2)^2 - \omega_1^2} - \frac{4\delta_1\delta_2}{\omega_1^2}$$

$$- \frac{4\delta_2\delta_4}{\omega_2^2}$$

Assim, para obter o parâmetro α_4, devemos executar os seguintes itens:

- Calcular S_2 utilizando os parâmetros anteriormente calculados na Equação (5.30).

- Obter a amplitude a por análise espectral, que corresponde à amplitude de u_2 para a frequência de $1/3\Omega_1$.

- Calcular Λ.

- Calcular α_4.

5.2.7 Parâmetros δ_3, δ_4 e δ_5

Os parâmetros δ_3, δ_4 e α_5 são calculados de forma análoga a δ_1, δ_2 e δ_1, logo:

$$u_2 \to u_1 \tag{5.31}$$
$$\omega_2 \to \omega_1$$
$$\delta_4 \to \delta_1$$
$$\delta_3 \to \delta_2$$
$$\alpha_5 \to \alpha_1$$

Dessa forma, teremos:

$$8S_{22} = 3\alpha_5 - \frac{10\delta_4^2}{3\omega_2^2} - \frac{4\delta_3^2}{\omega_1^2} + \frac{2\delta_3^2}{4\omega_2^2 - \omega_1^2} \tag{5.32}$$

em que:

$$S_{22}a^2 = X_2 \tag{5.33}$$

5.2.8 Resumo dos experimentos

A escolha do modelo é uma etapa crítica do procedimento. Caso o modelo não contenha os elementos que capturam o comportamento físico do sistema, o modelo ajustado fornecerá previsões imprecisas. Como o modelo escolhido contém não linearidades quadráticas e cúbicas, para verificar a existência destas foram aplicadas excitações externas sub-harmônicas (1/2 e 1/3) das frequências naturais

Identificação paramétrica 95

principais. A ordem dos experimentos também é importante, visto que alguns parâmetros são dependentes de outros. No entanto, alguns resultados analíticos expostos nessa subseção estão explicitados no volume dois desse livro.

5.2.9   Sistema de Duffing sem e com amortecimento

Como exemplo, exploraremos primeiramente o sistema de Duffing sem amorteci- mento, descrito pela equação:

$$\ddot{x} + \omega^2 x = \varepsilon(-\omega^2 \alpha x - \omega^2 \beta x^3 + F\cos(\Omega t)) \tag{5.34}$$

em que $\varepsilon \in (0,1)$ é o parâmetro de ordem de grandeza, α é a perturbação da mola linear, β é o parâmetro da não linearidade da mola e $F\cos(\Omega t)$ é a excitação harmônica.

Assim, para que equação de primeira ordem possua solução periódica, os termos seculares devem ser anulados, condição obtida quando:

$$\omega^2 = \omega_0^2 + \frac{3}{4}\omega_0^2\varepsilon\beta A_0^2 - \frac{\varepsilon F}{A_0} \tag{5.35}$$

em que ω_0 é a frequência natural do sistema linearizado. Em virtude da singula- ridade de A_0 que ocorre em 0, devemos separar o gráfico em duas partes, $A_0 < 0$ e $A_0 > 0$. Dessa forma, variando os parâmetros $\varepsilon\beta$ e εF e calculando $|A_0|$ para obtenção dos valores positivos, obtemos a Figura 5.3 para diferentes valores de $\varepsilon\beta$.

Já as equações de Duffing com amortecimento são descritas como:

$$\ddot{x} + \omega^2 x = \varepsilon(-\omega^2 \alpha x - \omega^2 \beta x^3 - c\dot{x} + F\cos(\Omega t)) \tag{5.36}$$

em que c é o coeficiente de amortecimento viscoso, $\varepsilon \in (0,1)$, α é perturbação da mola linear, β é o parâmetro da não linearidade da mola e $F\cos(\Omega t)$ é a excitação harmônica.

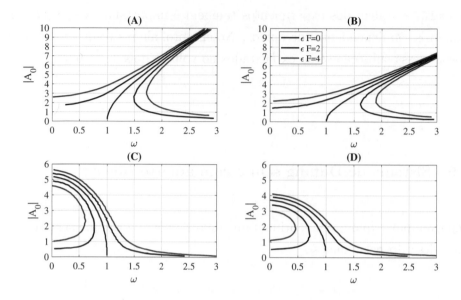

Figura 5.3: Curvas de níveis $|A_0|$ e $\omega_0 = 1$. Sistema sem amortecimento: (A) $\varepsilon\beta = 0,1$ e (B) $\varepsilon\beta = 0,2$. Sistema com amortecimento: (C) $\varepsilon\beta = -0,05$ e (D) $\varepsilon\beta = -0,1$.

Neste caso, a condição para que os termos seculares sejam nulos é:

$$\omega^2 = \omega_0^2 + \frac{3}{4}\omega_0^2 \varepsilon\beta A_0^2 - \frac{\epsilon F}{A_0}\cos(\phi_0) \tag{5.37}$$

$$\frac{\varepsilon F}{A_0}\sin(\phi_0) - \varepsilon x\omega = 0$$

em que ϕ_0 é o ângulo de fase do carregamento da equação de primeira ordem.

Note que, se $c = 0$, então:

$$\sin(\phi_0) = 0 \tag{5.38}$$
$$\phi_0 = 0$$
$$\cos(\phi_0) = 1$$

Dessa forma, as equações seculares do sistema amortecido equivalem ao sistema não amortecido.

Podemos eliminar ϕ_0 isolando os termos de seno e cosseno nas Equações (5.37) e utilizando a identidade trigonométrica $\cos^2(\phi) + \cos^2(\phi) = 1$, então:

$$\frac{(3\varepsilon\beta A_0^2\omega_0^2 - 4\omega^2 + 4\omega_0^2)^2 A_0^2}{16(\varepsilon F)^2} + \frac{(\varepsilon c)^2 A_0^2 \omega^2}{(\varepsilon F)^2} = 1 \tag{5.39}$$

A equação anterior é um polinômio do 4° grau em ω e do 6° em A_0. Portanto, mudar a variável permite reduzir a ordem desses polinômios para 2° e 3° graus, respectivamente. Logo, como $y = A_0^2$ e $x = \omega^2$, teremos:

$$\frac{(3\varepsilon\beta y\omega_0^2 - 4x + 4\omega_0^2)^2 y}{16(\varepsilon F)^2} + \frac{(\varepsilon c)^2 yx}{(\varepsilon F)^2} = 1 \tag{5.40}$$

Assim, os valores de importância são os de ω positivo, bem como as raízes de A_0. O gráfico é apresentado a seguir:

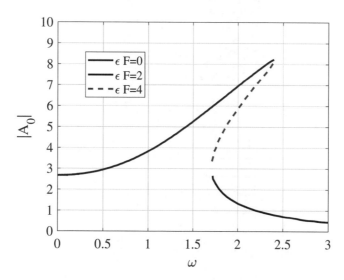

Figura 5.4: Curvas de níveis $|A_0|$ e $\omega_0 = 1$.

Dessa forma, podemos verificar as seguintes propriedades:

- Uma raiz real e duas raízes imaginárias. É o caso por exemplo de uma reta vertical $\omega = cte$ que intercepta uma única curva.

- Todas as raízes são reais. É o caso da reta vertical $\omega = cte$. Todas as três curvas são interceptadas.

- Quando a reta vertical tangencia as curvas, ocorre uma degeneração e temos somente dois pontos de intersecção em vez de três. O ponto tangente é um ponto instável.

5.3 Saltos

Na passagem de baixas frequências para altas encontra-se o denominado ponto (A) instável. Se em A a frequência for aumentada, ocorre o denominado *salto* para o ponto B, que corresponde à configuração estável mais próxima. Assim, teremos que a Figura 5.5 representa o salto para valores de $\varepsilon F = 0$, $\varepsilon F = 2$ e $\varepsilon F = 4$.

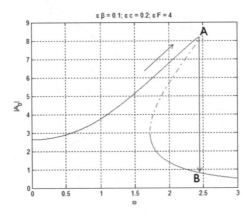

Figura 5.5: Curva representando o salto do ponto A para o ponto B.

No entanto, podemos observar o salto no sentido contrário, ou seja, partindo de frequências altas para as mais baixas. Seja o ponto C um ponto instável (de alta frequência). Se nesse ponto a frequência for reduzida, ocorre um salto no ponto D, que corresponde à configuração estável mais próxima. A Figura 5.6 representa um exemplo desse tipo de salto.

Identificação paramétrica 99

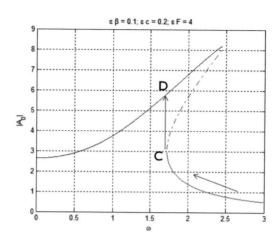

Figura 5.6: Curva representando o salto do ponto C para o ponto D.

Portanto, no sistema não amortecido, as amplitudes tendem a infinito nas proximidades da frequência de ressonância. Na presença de amortecimento, as amplitudes são limitadas, tendo um valor finito. Os dois trechos em torno da parábola ($\varepsilon F = 0$) se unem formando uma única curva. A mola não linear faz com que o pico de ressonância se curve para um lado. Se a mola é rígida ($\beta > 0$), o pico vai para a direita. Se a mola é macia ($\beta < 0$), o pico vai para a esquerda. Esse encurvamento possibilita que mais de duas posições de equilíbrio estejam disponíveis para uma mesma frequência. Tal fato não ocorre quando a mola é linear e o pico é reto, ou seja, é interceptado uma única vez. No fenômeno de salto, ocorre uma mudança brusca na configuração que parte de um ponto instável para outro estável, ambos vizinhos de uma frequência crítica.

Capítulo 6

Fundamentos de controle

6.1 Sistemas dinâmicos lineares

Neste capítulo trataremos de técnicas de controle automático de sistemas dinâmicos. De forma geral, o controle automático visa garantir a estabilidade e o desempenho, de acordo com as especificações.

Um sistema pode ser definido como um conjunto de dispositivos que interagem com um determinado objetivo. Por exemplo, uma espaçonave é construída a partir de uma grande quantidade de dispositivos que interagem com o objetivo de fazê-la se deslocar no espaço. Assim, uma espaçonave é um sistema. A partir dessa definição, podem ser estudados diversos tipos de fenômenos físicos, químicos, biológicos, sociais, ou outros.

Para estudar o comportamento de dado sistema devemos definir suas fronteiras, de modo que tudo o que estiver no interior destas seja parte do sistema. Por exemplo, o sistema Σ (Figura 6.1) se relaciona com o mundo exterior à sua fronteira a partir de suas entradas u_i e saídas y_j.

O sistema da Figura 6.1 tem m entradas e n saídas. Um sistema com essa característica é chamado de multivariável ou MIMO, acrônimo para *Multiple Input Multiple Output*. Por outro lado, se possui uma única entrada e uma única saída, o sistema é chamado de monovariável ou SISO, do inglês *Single Input Single Output*. Neste capítulo trataremos apenas do último caso.

Uma característica importante dos sistemas de controle reside no fato de serem sistemas dinâmicos. Um sistema dinâmico é aquele cujos estados evoluem ao longo do tempo. Os sistemas dinâmicos são descritos matematicamente por

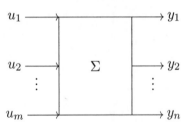

Figura 6.1: Entradas e saídas de um dado sistema.

equações diferenciais (ED), ou seja, o sistema da Figura 6.1 pode ser descrito pela seguinte equação diferencial ordinária (EDO):

$$\Sigma\left(t, y(t), \dot{y}(t), \ddot{y}(t), \cdots, y^{(m)}(t), u(t)\right) = 0 \qquad (6.1)$$

que estabelece para o sistema $\Sigma(t)$ uma relação entre a entrada $u(t)$ e a saída $y(t)$, determinando a sua evolução temporal.

Outra característica importante a ser considerada refere-se à invariância temporal. Em sistemas invariantes no tempo, os coeficientes da equação são todos constantes e não existe dependência explícita do tempo t. Assim, a Equação 6.1 pode ser reescrita sem a dependência temporal explícita:

$$\Sigma\left(y(t), \dot{y}(t), \ddot{y}(t), \cdots, y^{(m)}(t), u(t)\right) = 0 \qquad (6.2)$$

De forma geral, os sistemas encontrados em processos industriais, robótica, aeronaves, sistemas eletromecânicos, circuitos elétricos, entre outros, são lineares apenas de forma aproximada. Contudo, mesmo se considerados aproximadamente lineares esses sistemas podem ser controlados, apresentando comportamento estável e atendendo aos requisitos de desempenho utilizando as técnicas de controle clássico.

Sistemas lineares compõem um subconjunto importante na análise do comportamento e do controle de sistemas dinâmicos. De fato, as técnicas clássicas de projeto de sistemas de controle são baseadas nas técnicas de análise de sistemas dinâmicos lineares. Por isso, a seguir é apresentada a definição de sistema linear.

Fundamentos de controle 103

Um sistema Σ é dito linear se para toda entrada u_1 que gera uma saída $y_1 = \Sigma(u_1)$, e para toda entrada u_2 que gera uma saída $y_2 = \Sigma(u_2)$, o princípio da superposição for válido, ou seja:

$$y = \Sigma(c_1 u_1 + c_2 u_2) = c_1 \Sigma(u_1) + c_2 \Sigma(u_2) = c_1 y_1 + c_2 y_2 \tag{6.3}$$

para c_1, c_2 números reais ou complexos. Assim, se y_1 e y_2 forem linearmente independentes, formam uma base do espaço de soluções de Σ.

6.2 A transformada de Laplace

A transformada de Laplace é uma das técnicas utilizadas para a análise e a solução das EDO lineares e invariantes no tempo, com algumas vantagens em relação às técnicas tradicionais de solução para esse tipo de sistema.

A partir da transformada de Laplace obtém-se sempre, em uma única operação, a solução geral de sistemas lineares, ao contrário das técnicas tradicionais que demandam diversas operações. Além disso, a transformada de Laplace troca uma equação diferencial por uma equação algébrica na variável complexa s. Por meio de manipulações algébricas obtém-se a solução no plano s (domínio de s). A solução no tempo pode ser obtida por meio da transformada inversa de Laplace.

A transformada de Laplace é definida como:

$$F(s) = \mathcal{L}\left[f(t)\right] = \int_0^\infty x(t) e^{-st} dt \tag{6.4}$$

com $s = \sigma + j\omega$, e desde que a integral exista. O operador transformada de Laplace é denotado por:

$$f(t) \xrightarrow{\mathcal{L}} F(s) \tag{6.5}$$

6.2.1 Resultados importantes e propriedades

Em seguida serão apresentadas algumas propriedades da transformada de Laplace, e a transformada de algumas funções importantes para sistemas de controle.

Função transladada no tempo

A função transladada, dada por $f(t-\alpha)$, é mostrada na Figura 6.2 em comparação à função $f(t)$.

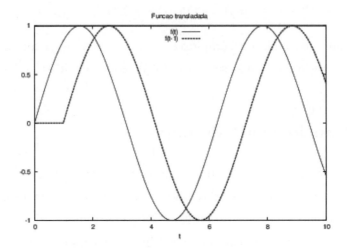

Figura 6.2: Função transladada.

A transformada de Laplace da função transladada é dada por:

$$\mathcal{L}\left[f(t-\alpha)\right] = \int_0^\infty f(t-\alpha)e^{-st}dt \qquad (6.6)$$

Considerando a substituição $\tau = t - \alpha$, tem-se $d\tau = dt$, e com isso:

$$\mathcal{L}\left[f(t-\alpha)\right] = \int_{-\alpha}^\infty f(\tau)e^{-s(\tau+\alpha)}d\tau = e^{-\alpha s}\int_{-\alpha}^\infty f(\tau)e^{-s\tau}d\tau = e^{-\alpha s}F(s) \qquad (6.7)$$

Assim, a translação no tempo equivale a multiplicar a transformada de $F(s)$ por $e^{-\alpha s}$ no domínio da frequência.

Translação complexa

A transformada de Laplace de $e^{-\alpha t}f(t)$, $f(t) = 0$ para $t < 0$, é dada por:

$$\mathcal{L}\left[e^{-\alpha t}f(t)\right] = \int_0^\infty e^{-\alpha t}f(t)e^{-st}dt = \int_0^\infty f(t)e^{-(s+\alpha)t}dt = F(s+\alpha) \qquad (6.8)$$

ou seja, reciprocamente à translação no tempo, a multiplicação $e^{-\alpha t}f(t)$ gera uma translação complexa, visto que s é uma variável complexa.

Função degrau

A função degrau, mostrada na Figura 6.3, é definida da seguinte forma:

$$f(t) = \begin{cases} A & t > 0 \\ 0 & t < 0 \end{cases} \qquad (6.9)$$

E sua transformada de Laplace é:

$$F(s) = \mathcal{L}\left[f(t)\right] = \int_0^\infty Ae^{-st}dt = \frac{A}{s} \qquad (6.10)$$

A função degrau unitário $1(t)$ é definida para $A = 1$ e, com isso, $1(s) = \frac{1}{s}$.

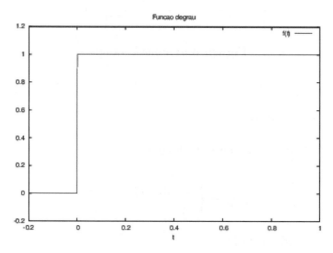

Figura 6.3: Função degrau unitário $1(t)$.

Função rampa

A função rampa, Figura 6.4, é definida da seguinte forma:

$$f(t) = \begin{cases} At & t \geq 0 \\ 0 & t < 0 \end{cases} \qquad (6.11)$$

e sua transformada de Laplace da rampa é dada por:

$$F(s) = \mathcal{L}\left[f(t)\right] = \int_0^\infty A t e^{-st} dt = \frac{A}{s^2} \qquad (6.12)$$

sendo que a função rampa unitária é definida para $A = 1$ e, com isso, $F(s) = \frac{1}{s^2}$.

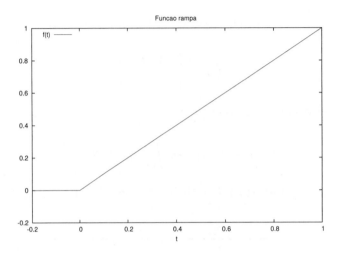

Figura 6.4: Função rampa.

Funções seno e cosseno

A função seno é definida da seguinte forma:

$$f(t) = \begin{cases} A\sin(\omega t) & t \geq 0 \\ 0 & t < 0 \end{cases} \qquad (6.13)$$

Considerando a identidade:

$$\sin(\omega t) = \frac{1}{2j}\left(e^{j\omega t} - e^{-j\omega t}\right)$$

podemos escrever:

$$F(s) = \mathcal{L}\left[A\sin(\omega t)\right] = \frac{A}{2j}\int_0^\infty \left(e^{j\omega t} - e^{-j\omega t}\right)e^{-st}dt = \frac{A\omega}{s^2 + \omega^2} \qquad (6.14)$$

A transformada da função cosseno pode ser determinada de forma semelhante, sendo dada por:

$$F(s) = \frac{As}{s^2 + \omega^2} \tag{6.15}$$

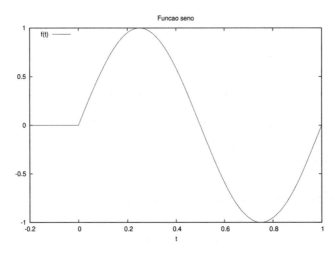

Figura 6.5: Função seno.

Função pulso

A função pulso é definida da seguinte forma:

$$f(t) = \begin{cases} \frac{A}{t_0} & 0 < t < t_0 \\ 0 & t_0 < t < 0 \end{cases} \tag{6.16}$$

Com isso,

$$F(s) = \mathcal{L}\left[f(t)\right] = \int_0^{t_0} \frac{A}{t_0} e^{-st} dt = \frac{A}{st_0}(1 - e^{-st_0}) \tag{6.17}$$

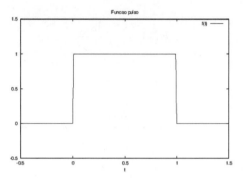

Figura 6.6: Função pulso.

Função impulso

A função impulso, Figura 6.7, é definida da seguinte forma:

$$f(t) = \begin{cases} \lim_{t_0 \to 0} \frac{A}{t_0} & 0 < t < t_0 \\ 0 & t_0 < t < 0 \end{cases} \qquad (6.18)$$

Com isso,

$$F(s) = \mathcal{L}\left[f(t)\right] = \int_0^{t_0} \lim_{t_0 \to 0} \frac{A}{t_0} e^{-st} dt = \lim_{t_0 \to 0} \int_0^{t_0} \frac{A}{t_0} e^{-st} dt = \lim_{t_0 \to 0} \frac{A}{st_0}(1 - e^{-st_0}) = A \qquad (6.19)$$

A função impulso cuja área é unitária é chamada de impulso unitário ou delta de Dirac:

$$\delta(t - t_0) = \begin{cases} \infty & t = t_0 \\ 0 & t \neq t_0 \end{cases} \qquad (6.20)$$

com

$$\mathcal{L}\left[\delta(t - t_0)\right] = e^{-t_0 s} \qquad (6.21)$$

e

$$\mathcal{L}\left[\delta(t)\right] = 1 \qquad (6.22)$$

Fundamentos de controle

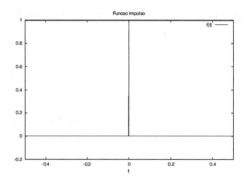

Figura 6.7: Função impulso.

Função exponencial

A função exponencial é definida da seguinte forma:

$$f(t) = \begin{cases} Ae^{-\alpha t} & t \geq 0 \\ 0 & t < 0 \end{cases} \quad (6.23)$$

Com isso,

$$F(s) = \mathcal{L}\left[Ae^{-\alpha t}\right] = \int_0^\infty Ae^{-\alpha t}e^{-st}dt = A\int_0^\infty e^{-(\alpha+s)t}dt = \frac{A}{s+\alpha} \quad (6.24)$$

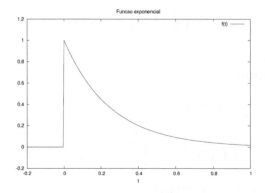

Figura 6.8: Função exponencial.

Existem inúmeras outras funções que podem ser utilizadas em sistemas de controle. Contudo, existem tabelas disponíveis na literatura, que podem ser consultadas, e, com a manipulação algébrica conveniente, usadas para a determinação de um grande número de funções diferentes.

Diferenciação real

A seguir mostraremos como obter a transformada de Laplace da derivada $\frac{d}{dt}f(t)$. Assim,

$$\mathcal{L}\left[\frac{d}{dt}f(t)\right] = \int_0^\infty \frac{d}{dt}f(t)e^{-st}dt \tag{6.25}$$

A transformação pode ser obtida realizando as seguintes substituições de variáveis: $u = e^{-st}$ e $dv = \frac{d}{dt}f(t)dt$, e integrando-se por partes:

$$\mathcal{L}\left[\frac{d}{dt}f(t)\right] = f(t)e^{-st}\Big|_0^\infty + s\int_0^\infty f(t)e^{-st}dt = sF(s) - f(0) \tag{6.26}$$

Generalizando:

$$\mathcal{L}\left[\frac{d^n}{dt^n}f(t)\right] = s^n F(s) - s^{n-1}f(0) - s^{n-2}\dot{f}(0) - \cdots - s\overset{(n-2)}{f}(0) - \overset{(n-1)}{f}(0) \tag{6.27}$$

Além disso, se todas as condições iniciais forem nulas tem-se:

$$\mathcal{L}\left[\frac{d^n}{dt^n}f(t)\right] = s^n F(s) \tag{6.28}$$

Integração no tempo

A transformada de Laplace de $\int f(t)dt$ é:

$$\mathcal{L}\left[\int f(t)dt\right] = \int_0^\infty \left[\int f(t)dt\right]e^{-st}dt$$

Integrando por partes o resultado:

$$\int_0^\infty \left[\int f(t)dt\right]e^{-st}dt = \frac{1}{s}\int f(t)dt\Big|_{t=0} + \frac{F(s)}{s} \tag{6.29}$$

e, para condições iniciais nulas,

$$\int_0^\infty \left[\int f(t)dt\right] e^{-st} dt = \frac{F(s)}{s} \qquad (6.30)$$

De forma semelhante à diferenciação, a generalização é possível, com sucessivas integrações $\underbrace{\int \cdots \int}_{\text{n-vezes}} f(t) dt \cdots dt$ resultando no plano s, após a transformação de Laplace, em $\frac{F(s)}{s^n}$.

Teoremas de valor inicial e final

O teorema do valor inicial pode ser resumido na seguinte expressão:

$$f(0) = \lim_{s \to \infty} sF(s). \qquad (6.31)$$

Já o teorema do valor final é expresso por:

$$f(\infty) = \lim_{t \to \infty} f(t) = \lim_{s \to 0} sF(s). \qquad (6.32)$$

Ambos os teoremas são importantes na análise das respostas transitória e de estado estacionário de sistemas de controle.

Teorema da convolução

O teorema da convolução estabelece uma relação entre a integral de convolução e a transformada de Laplace na determinação da solução de uma equação diferencial.

Considere os diagramas de blocos na Figura 6.9.

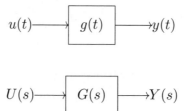

Figura 6.9: Diagramas de blocos de um sistema dinâmico.

De acordo com o teorema da convolução, a seguinte equação é satisfeita:

$$Y(s) = G(s)U(s) = \mathcal{L}\left[\int_0^t u(t - \tau)g(\tau)d\tau\right] \qquad (6.33)$$

Ainda,

$$y(t) = \int_0^t u(t-\tau)g(\tau)d\tau = \mathcal{L}^{-1}\left[G(s)U(s)\right] \tag{6.34}$$

sendo que $\mathcal{L}^{-1}$ indica a transformada inversa de Laplace.

O teorema da convolução estabelece que a resposta $y(t)$ do sistema $g(t)$ a uma entrada $u(t)$ pode ser determinada, de forma alternativa à integral de convolução, pelo produto de duas funções algébricas no plano s com subsequente aplicação da transformação inversa.

Linearidade da transformada de Laplace

A transformação de Laplace é uma operação linear, ou seja, a transformação de uma combinação linear entre duas funções $f(t)$ e $g(t)$ é igual à combinação linear de suas funções transformadas $F(s)$ e $G(s)$.

$$\mathcal{L}\left[af(t) + bg(t)\right] = a\mathcal{L}\left[f(t)\right] + b\mathcal{L}\left[g(t)\right]$$

6.2.2 Transformada inversa de Laplace

A transformação inversa de Laplace é determinada pela integral de inversão. Assim, considerando que $F(s) \xrightarrow{\mathcal{L}^{-1}} f(t)$:

$$f(t) = \mathcal{L}^{-1}\left[F(s)\right] = \int_{c-j\infty}^{c+\infty} F(s)e^{st}ds \tag{6.35}$$

com $c \in \mathbb{R}$.

Felizmente, não precisamos resolver sempre a integral de inversão, podemos consultar tabelas de transformadas. Entretanto, para obter $f(t)$ a partir dessa consulta, a função $F(s)$ deve ser identificável nessas tabelas, o que nem sempre é imediato. Se $F(s)$ não puder ser identificada prontamente, pode-se expandir $F(s)$ em frações parciais e encontrar suas parcelas mais simples em tabelas. Geralmente isso não é uma tarefa complicada, já que a transformada de Laplace ocorre frequentemente na forma $F(s) = \frac{A(s)}{B(s)}$, sendo $A(s)$ e $B(s)$ polinômios em s com o grau de $A(s)$ menor que o grau de $B(s)$.

Fundamentos de controle 113

6.3 Solução de equações diferenciais pelo método da transformada de Laplace

O método da transformada de Laplace (TL) permite obter a solução geral de EDO lineares e invariantes no tempo. Vejamos o exemplo de um sistema de 2ª ordem. Seja a seguinte equação diferencial:

$$\ddot{y} + 3\dot{y} + 2y = 0$$

com as condições iniciais: $y(0) = a$, $\dot{y}(0) = b$, a e b constantes.

Com o objetivo de resolver a equação considerando as condições iniciais, utilizaremos o método da transformada de Laplace. Assim, aplicando a propriedade da diferenciação obtém-se:

$$\begin{aligned} s^2Y(s) - as - b + 3(sY(s) - a) + 2Y(s) &= 0 \\ s^2Y(s) + 3sY(s) + 2Y(s) &= as + 3a + b \end{aligned}$$

Insolando-se $Y(s)$:

$$Y(s) = \frac{as + 3a + b}{s^2 + 3s + 2} = \frac{as + 3a + b}{(s+1)(s+2)}$$

Então, expandindo-se o lado direito da equação em frações parciais:

$$Y(s) = \frac{as + 3a + b}{s^2 + 3s + 2} = \frac{2a + b}{s + 1} - \frac{a + b}{s + 2}$$

Com isso, é possível encontrar a solução para o problema de valor inicial, considerando a propriedade de linearidade e aplicando a transformada inversa de Laplace:

$$y(t) = \mathcal{L}^{-1}\left(\frac{2a + b}{s + 1}\right) - \mathcal{L}^{-1}\left(\frac{a + b}{s + 2}\right)$$

e, considerando a transformada da função exponencial, Equação (6.24), obtém-se a solução:

$$y(t) = (2a + b)e^{-t} - (a + b)e^{-2t}$$

A utilidade da transformação de Laplace não se reduz à solução de equações diferenciais. Ela permite a definição do conceito de função de transferência, que é fundamental tanto para a análise como para o projeto de sistemas de controle.

6.4 Função de transferência

Antes de estabelecer o conceito de função de transferência (FT), e com o objetivo de melhor compreender o seu significado, vamos considerar o mesmo exemplo do sistema na Seção 6.3, entretanto, agora sujeito a uma entrada $u(t)$, como mostrado na Figura 6.10.

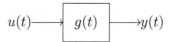

Figura 6.10: Sistema dinâmico.

Dessa forma, dada uma entrada $u(t)$ e as condições iniciais $y(0) = a$, $\dot{y}(0) = b$, a e b constantes, o sistema pode ser descrito pela seguinte equação diferencial:

$$\ddot{y} + 3\dot{y} + 2y = u(t)$$

Aplicando a TL e isolando $Y(s)$, obtém-se:

$$Y(s) = \frac{U(s) + as + 3a + b}{s^2 + 3s + 2} \qquad (6.36)$$

Neste ponto, separamos o lado direito da Equação (6.36) em duas parcelas, a primeira contendo apenas a TL da entrada, $U(s)$, e a segunda contendo as condições iniciais, conforme a Equação (6.37). A parte da resposta do sistema que dependente da entrada $U(s)$ é chamada de resposta forçada. Já a outra parte, que depende apenas das condições iniciais, chamamos de resposta natural.

$$Y(s) = \underbrace{\frac{U(s)}{s^2 + 3s + 2}}_{\text{Resposta forçada}} + \underbrace{\frac{as + 3a + b}{s^2 + 3s + 2}}_{\text{Resposta natural}} \qquad (6.37)$$

A resposta natural depende apenas das condições iniciais e da dinâmica característica do sistema, diferindo apenas em razão dos valores dessas condições

Fundamentos de controle 115

iniciais. A resposta forçada, entretanto, pode diferir significativamente dependendo de cada $u(t)$. Em virtude dessa característica, em sistemas de controle interessa estudar a relação entre a dinâmica do sistema e a entrada. O que se faz então é considerar as condições iniciais nulas, ou seja, $y(0) = \dot{y}(0) = 0$.

$$Y(s) = \frac{1}{s^2 + 3s + 2}U(s) \tag{6.38}$$

Assim, para as diversas entradas $U(s)$, considerando em cada caso sua respectiva TL, podem-se determinar as características da resposta do sistema dinâmico.

Consideremos agora o sistema mostrado na Figura 6.11.

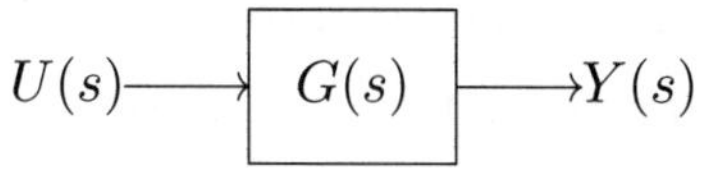

$$U(s) \longrightarrow \boxed{G(s)} \longrightarrow Y(s)$$

Figura 6.11: Diagrama de blocos do sistema dinâmico após a aplicação da TL.

Para condições iniciais nulas tem-se:

$$Y(s) = G(s)U(s) \tag{6.39}$$

ou

$$G(s) = \frac{Y(s)}{U(s)} \tag{6.40}$$

$G(s)$ é chamada de FT, sendo definida como a relação entre as transformadas de Laplace da saída y e da entrada u considerando condições iniciais nulas.

A partir dessa definição fica claro que no caso do sistema dinâmico do exemplo anterior, comparando a Equação (6.38) com a Equação (6.40), tem-se que a FT é dada por:

$$G(s) = \frac{Y(s)}{U(s)} = \frac{1}{s^2 + 3s + 2} \tag{6.41}$$

Ainda, considerando o teorema da convolução, tem-se:

$$Y(s) = G(s)U(s) \iff y(t) = \int_0^t g(t - \tau)u(\tau)d\tau \tag{6.42}$$

116   *Sistemas dinâmicos e mecatrônicos, vol. 1*

o que deixa evidente a relação entre a FT $G(s)$ e a função $g(t)$, que é chamada de função peso.

A forma geral de uma FT é:

$$G(s) = \frac{Y(s)}{U(s)} = \frac{b_0 s^m + b_1 s^{m-1} + \cdots + b_{m-1} s + b_m}{a_0 s^n + a_1 s^{n-1} + \cdots + a_{n-1} s + a_n} \qquad (6.43)$$

com $n \geq m$. As m raízes do polinômio no numerador de $G(s)$ são chamadas de zeros de $G(s)$. As raízes do polinômio no denominador de $G(s)$ são chamadas de polos de $G(s)$.

As FT são modelos matemáticos de sistemas dinâmicos, entretanto, não carregam nenhuma informação com relação à construção física dos sistemas, já que dois sistemas completamente diferentes podem possuir FT idênticas. Assim, as FT carregam apenas informações sobre o comportamento dinâmico de um sistema, a partir da relação entre a entrada e a saída deste.

A FT também é conhecida como a resposta impulsiva de um sistema dinâmico, já que a TL do impulso unitário $\mathcal{L}(\delta(t)) = 1$, e fazendo $U(s) = 1$ na Equação (6.40), resulta:

$$Y(s) = G(s) \qquad (6.44)$$

6.5   Estabilidade de sistemas de controle

A estabilidade de um sistema de controle pode ser verificada a partir de sua resposta a uma entrada ou a perturbações. De forma intuitiva, um sistema de controle é estável se partindo de uma vizinhança de um ponto de equilíbrio, mesmo na presença de perturbações, se mantém na vizinhança desse equilíbrio. O sistema será assintoticamente estável quando se aproximar assintoticamente desse ponto de equilíbrio.

Outra forma de entender a definição intuitiva anterior relaciona-se à resposta impulsiva, ou seja, um sistema de controle é estável se sua resposta ao impulso tender para a origem ao longo do tempo.

Entretanto, essa definição intuitiva não é adequada a muitas situações em sistemas de controle, já que na maioria das vezes o sistema é forçado, ou seja, possui uma entrada qualquer $u(t)$ não nula. Nesses casos, uma definição possível é a de que um sistema de controle é estável se uma entrada limitada produz uma

Fundamentos de controle   117

saída limitada. Embora seja bastante útil, essa definição também não se aplica a todas as situações possíveis em sistemas de controle.

Assim, especificamente no caso dos sistemas lineares e invariantes no tempo, a condição para a estabilidade assintótica é que todos os polos do sistema estejam no semiplano esquerdo do plano s, ou seja, devem ser reais e negativos ou complexos com parte real negativa.

O problema dessa última definição está relacionado com a necessidade de determinar os polos das FT. Para sistemas de primeira ou segunda ordem, a determinação dos polos é direta, entretanto, para sistemas de ordem superior a dificuldade aumenta. Dessa forma, o critério de estabilidade de Routh-Hurwitz é usado para determinar o número de polos localizados no semiplano direito do plano s.

6.5.1   Critério de estabilidade de Routh-Hurwitz

O critério de estabilidade de Routh-Hurwitz é um método para a determinação da estabilidade de sistemas lineares e invariantes no tempo. A principal vantagem desse método está no fato de não ser necessário calcular todas os polos da FT. A aplicação do método é bastante direta, como será mostrado em seguida.

Seja a seguinte FT:

$$G(s) = \frac{b_0 s^m + b_1 s^{m-1} + \cdots + b_{m-1}s + b_m}{a_0 s^n + a_1 s^{n-1} + \cdots + b_{n-1}s + b_n} \tag{6.45}$$

A partir do polinômio característico da FT:

$$a_0 s^n + a_1 s^{n-1} + \cdots + b_{n-1}s + b_n = 0 \tag{6.46}$$

deve-se construir a matriz de Routh-Hurwitz, como mostrado a seguir:

$$
\begin{array}{c|cccccc}
s^n & a_0 & a_2 & a_4 & a_6 & \cdots \\
s^{n-1} & a_1 & a_3 & a_5 & a_7 & \cdots \\
s^{n-2} & b_1 & b_2 & b_3 & b_4 & \cdots \\
s^{n-3} & c_1 & c_2 & c_3 & c_4 & \cdots \\
\vdots & \vdots & \vdots & \vdots & \vdots & \vdots \\
s^2 & e_1 & e_2 \\
s & f_1 \\
s^0 & g_1
\end{array}
\tag{6.47}
$$

sendo que os coeficientes da terceira linha em diante são determinados pelas seguintes fórmulas:

$$
\begin{aligned}
&b_1 = \frac{-det\begin{bmatrix} a_0 & a_2 \\ a_1 & a_3 \end{bmatrix}}{a_1} \quad b_2 = \frac{-det\begin{bmatrix} a_0 & a_4 \\ a_1 & a_5 \end{bmatrix}}{a_1} \quad b_3 = \frac{-det\begin{bmatrix} a_0 & a_6 \\ a_1 & a_7 \end{bmatrix}}{a_1} \quad \cdots \\[2mm]
&c_1 = \frac{-det\begin{bmatrix} a_1 & a_3 \\ b_1 & b_2 \end{bmatrix}}{b_1} \quad c_2 = \frac{-det\begin{bmatrix} a_1 & a_5 \\ b_1 & b_3 \end{bmatrix}}{b_1} \quad\quad \cdots \\[2mm]
&\quad\vdots \\[2mm]
&g_1 = \frac{-det\begin{bmatrix} e_1 & e_2 \\ f_1 & 0 \end{bmatrix}}{f_1}
\end{aligned}
\tag{6.48}
$$

Depois de construída a matriz de Routh-Hurwitz, Equação (6.45), devem-se observar os sinais dos coeficientes da primeira coluna. O número de trocas de sinais indica o número de polos no semiplano direito.

O critério de estabilidade de Routh-Hurwitz também pode ser utilizado para determinar a margem de ganho em um sistema de controle de malha fechada. Por exemplo, seja o sistema de controle da Figura 6.12.

A FT de malha fechada desse sistema é:

$$
G_{MF}(s) = \frac{Y(s)}{U(s)} = \frac{KG(s)}{1 + KG(s)H(s)}
\tag{6.49}
$$

Aplicando-se o critério de Routh-Hurwitz no polinômio característico da FT de malha fechada:

Fundamentos de controle

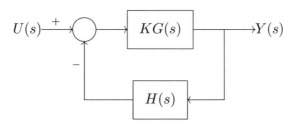

Figura 6.12: Diagrama de blocos do sistema de controle de malha fechada.

$$1 + KG(s)H(s) = 0 \tag{6.50}$$

é possível determinar os valores do ganho K para os quais o sistema de malha fechada é estável.

Vejamos a aplicação do critério de estabilidade de Routh-Hurwitz a um exemplo. Seja a FT:

$$G(s) = \frac{N(s)}{s^4 + 2s^3 + 3s^2 + 4s + 5} \tag{6.51}$$

O polinômio característico da FT na Equação (6.51) é:

$$s^4 + 2s^3 + 3s^2 + 4s + 5 = 0 \tag{6.52}$$

Assim, inicialmente deve-se construir a matriz de Routh-Hurwitz, com os coeficientes a determinar.

$$\begin{array}{c|ccc} s^4 & 1 & 3 & 5 \\ s^3 & 2 & 4 & \\ s^2 & b_1 & b_2 & \\ s^1 & c_1 & & \\ s^0 & d_1 & & \end{array} \tag{6.53}$$

Em seguida determinam-se os coeficientes b_1 e b_2,

$$b_1 = \frac{-\det\begin{bmatrix} 1 & 3 \\ 2 & 4 \end{bmatrix}}{2} = 1 \quad b_2 = \frac{-\det\begin{bmatrix} 1 & 5 \\ 2 & 0 \end{bmatrix}}{2} = 5 \tag{6.54}$$

resultando em:

$$
\begin{array}{c|ccc}
s^4 & 1 & 3 & 5 \\
s^3 & 2 & 4 \\
s^2 & 1 & 5 \\
s^1 & c_1 \\
s^0 & d_1
\end{array}
\tag{6.55}
$$

Da mesma forma, determina-se o coeficiente c_1 da matriz de Routh-Hurwitz:

$$
c_1 = \frac{-det \begin{bmatrix} 2 & 4 \\ 1 & 5 \end{bmatrix}}{1} = -6
\tag{6.56}
$$

$$
\begin{array}{c|ccc}
s^4 & 1 & 3 & 5 \\
s^3 & 2 & 4 \\
s^2 & 1 & 5 \\
s^1 & -6 \\
s^0 & d_1
\end{array}
\tag{6.57}
$$

Finalmente, determina-se o coeficiente d_1, e a matriz de Routh-Hurwitz estará completa.

$$
d_1 = \frac{-det \begin{bmatrix} 1 & 5 \\ -6 & 0 \end{bmatrix}}{-6} = 5
\tag{6.58}
$$

$$
\begin{array}{c|ccc}
s^4 & 1 & 3 & 5 \\
s^3 & 2 & 4 \\
s^2 & 1 & 5 \\
s^1 & -6 \\
s^0 & 5
\end{array}
\tag{6.59}
$$

Observando os coeficientes da primeira coluna verifica-se que há duas trocas de sinal, indicando que o sistema possui dois polos no semiplano direito e, consequentemente, o sistema é instável.

6.6 Análise de sistemas de controle pelo critério de Nyquist

O método de Nyquist é um procedimento para a determinação da estabilidade relativa e da estabilidade absoluta de um sistema de controle de malha fechada. Considerando o sistema de controle da Figura 6.12, com $K = 1$, tem-se que a FT de malha fechada é:

$$G_{MF}(s) = \frac{G(s)}{1 + G(s)H(s)} \quad (6.60)$$

e, com isso, os polos de malha fechada são dados pelo polinômio característico:

$$1 + G(s)H(s) = 0 \quad (6.61)$$

Dessa forma, a partir de um gráfico da resposta em freqência da função de transferência de malha aberta:

$$G(s)H(s) \quad (6.62)$$

podem ser determinadas tanto a estabilidade absoluta como a estabilidade relativa, ou seja, margem de fase e margem de ganho. O gráfico de Nyquist caracteriza-se por ser um mapeamento envolvendo a variável complexa s e uma função complexa que, nesse caso específico, é a FT de malha aberta.

A Figura 6.13 mostra a relação entre pontos no plano s e seu mapeamento pela FT $G(s)$ no plano $G(s)$. Na construção do diagrama de Nyquist, apenas uma região específica do plano s é mapeada no plano $G(s)$, chamada de percurso de Nyquist.

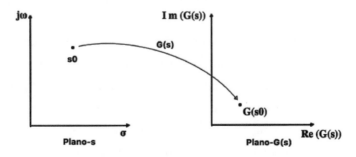

Figura 6.13: Mapeamento complexo.

O percurso de Nyquist, utilizado na contrução do diagrama de Nyquist, é um percurso fechado no plano s (Figura 6.14), isto é, uma curva contínua que se inicia e termina em um mesmo ponto. Além disso, um percurso fechado no plano s é mapeado em um percurso fechado no plano $G(s)$.

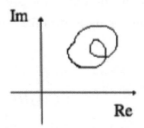

Figura 6.14: Percurso fechado no plano s.

Ao percorrer um percurso num sentido prescrito, os pontos à direita desse percurso são ditos envolvidos, ou circunscritos, por ele. Além disso, um percurso realizado no sentido horário é definido com sentido direto.

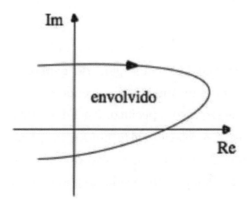

Figura 6.15: Envolvimento no plano s.

A origem é envolvida n vezes no sentido direto se uma linha radial, partindo da origem a um ponto sobre o percurso no plano $G(s)$, percorrendo completamente o percurso fechado, envolver no sentido direto a origem por 360 graus.

Uma propriedade importante desse tipo de mapeamento é que o número de envolvimentos N, da origem, feitos por um contorno fechado no plano $G(s)$ é igual ao número de zeros menos o número de polos envolvidos pelo contorno fechado no plano s, ou seja,

Fundamentos de controle 123

$$N = Z - P \tag{6.63}$$

Se a origem está envolvida pelo contorno $G(s)$, então $N > 0$. Por outro lado, se a origem não está envolvida, então $N \leq 0$.

6.6.1 Percurso de Nyquist

O percurso de Nyquist envolve completamente o semiplano direito do plano s em um contorno fechado, como mostrado na Figura 6.16, com $R \to \infty$ e $\rho \to 0$. Dessa forma, fica evidente que se houver polos no semiplano direito do plano s, estes estarão envolvidos no percurso de Nyquist. Cada segmento do percurso de Nyquist pode ser descrito da seguinte forma:

$$
\begin{array}{lll}
\overline{ab} & s = j\omega & 0 < \omega < \omega_0 \\[2mm]
\overline{bc} & s = \lim_{\rho \to 0} j\omega_0 + \rho e^{j\theta} & -90° \leq \theta \leq 90° \\[2mm]
\overline{cd} & s = j\omega & \omega_0 \leq \omega < \infty \\[2mm]
\overline{def} & s = \lim_{R \to \infty} R e^{j\theta} & 90° \leq \theta \leq -90° \\[2mm]
\overline{fg} & s = j\omega & -\infty < \omega < -\omega_0 \\[2mm]
\overline{gh} & s = \lim_{\rho \to 0} -j\omega_0 + \rho e^{j\theta} & -90° \leq \theta \leq 90° \\[2mm]
\overline{hi} & s = j\omega & -\omega_0 < \omega < 0 \\[2mm]
\overline{ija} & s = \lim_{\rho \to 0} \rho e^{j\theta} & -90° \leq \theta \leq 90°
\end{array}
\tag{6.64}
$$

6.6.2 Critério de estabilidade de Nyquist

Consideremos o sistema de controle de malha fechada mostrado na Figura 6.17 e a FT de malha fechada:

$$G_{MF}(s) = \frac{G(s)}{1 + G(s)H(s)} \tag{6.65}$$

A condição para que o sistema seja estável é que todos os polos da FT da Equação (6.65) estejam localizados no semiplano esquerdo do plano s. Alternativamente, pode-se dizer que as raízes do polinômio característico:

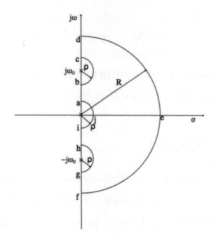

Figura 6.16: Percurso de Nyquist no plano s.

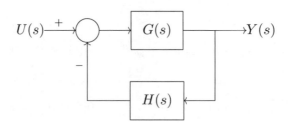

Figura 6.17: Sistema de controle de malha fechada.

$$1 + G(s)H(s) = 0 \qquad (6.66)$$

devem ser negativas ou, se forem raízes complexas conjugadas, devem ter parte real negativa. O critério de estabilidade de Nyquist estabelece quantos polos, ou raízes da Equação (6.66), estão localizados no semiplano direito do plano s, em malha fechada, permitindo, assim, determinar a estabilidade de um sistema de controle de malha fechada a partir da FT de malha aberta.

Critério de estabilidade

- Seja $G(s)H(s)$ a FT de malha aberta de um sistema de controle de malha fechada. O sistema de controle de malha fechada é estável se, e somente se,

$$N = -P \leq 0 \qquad (6.67)$$

- $P \geq 0$: o número de polos de GH no semiplano direito do plano s;
- N: o número de envolvimentos no sentido direto no plano $G(s)H(s)$ do ponto $-1 + j0$.

- Se $N > 0$, o número de polos no semiplano direito é determinado por:

$$Z = N + P \qquad (6.68)$$

- Se $N \leq 0$ e $P = 0$, o ponto $-1 + j0$ não é envolvido, e o sistema é estável.

Vejamos agora um exemplo considerando a FT:

$$G(s)H(s) = \frac{1}{s\,(s-1)} \qquad (6.69)$$

cujo diagrama de Nyquist pode ser visto na Figura 6.18. Fica evidente que o ponto $-1 + j0$ é envolvido uma vez no sentido direto. Como $P = 1$, ou seja, existe um polo de malha aberta no semiplano direito, então esse sistema, em malha fechada, possui dois polos no semiplano direito, sendo instável.

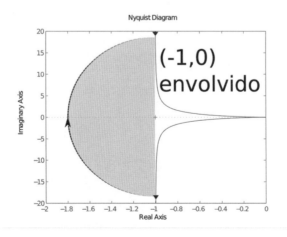

Figura 6.18: Diagrama de Nyquist.

Capítulo 7

Controle por realimentação dos estados

7.1 Introdução

O controle no espaço dos estados é realizado por meio da realimentação dos estados do sistema. O problema de controle pode ser representado por equações em espaço de estados conforme a Equação (7.1):

$$\dot{\mathbf{X}} = \mathbf{AX} + \mathbf{BU} \tag{7.1}$$
$$\dot{\mathbf{Y}} = \mathbf{CX} + \mathbf{DU}$$

em que $\mathbf{A}$ é uma matriz de coeficiente $n \times n$ (matriz de controle do processo), $\mathbf{B}$ é uma matriz de controle $n \times r$, $\mathbf{D}$ e $\mathbf{C}$ é uma matriz resposta $m \times n$. A variável $\mathbf{X}$ representa o vetor de estados, $\mathbf{U}$ é um vetor de controle r-dimensional e $\mathbf{Y}$ é um vetor resposta m-dimensional.

Pode-se verificar a representativa do sistema em espaço de estados por meio de diagramas de blocos conforme a Figura 7.1.

O sistema da Equação (7.1) é dito como controlável se existir um vetor U que leve o sistema para a origem em um tempo finito. Assim, o sistema da Equação (7.1) pode ser considerando um sistema em espaço de estados controlável se a

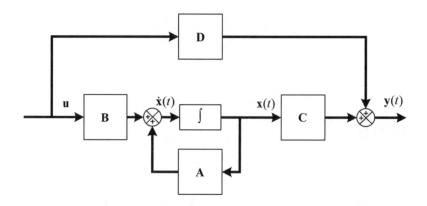

Figura 7.1: Diagrama de blocos em malha aberta.

matriz da Equação (7.2) tiver posto igual a n.

$$\mathbf{M} = \begin{bmatrix} \mathbf{B} & \mathbf{AB} & \mathbf{A^2B} ... \mathbf{A}^{n-1}\mathbf{B} \end{bmatrix} \quad (7.2)$$

Considerando $\mathbf{U} = -\mathbf{KX}$ a lei de controle, em que $\mathbf{K}$ é a matriz de ganho de realimentação de estados, e substituindo $\mathbf{U} = -\mathbf{KX}$ na Equação (7.1), obtém-se a correspondente em malha fechada conforme a Equação (7.3):

$$\dot{\mathbf{X}} = (\mathbf{A} - \mathbf{BK})\mathbf{X} \quad (7.3)$$

A representação em diagramas de blocos do sistema com controle por realimentação de estados pode ser vista na Figura 7.2.

Obtém-se a solução da Equação (7.3) (obtida pelo método de integração simples) é descrita na Equação 7.4:

$$\mathbf{X} = e^{\mathbf{A}-\mathbf{BK}}\mathbf{X(0)} \quad (7.4)$$

sendo $\mathbf{X(0)}$ o estado inicial causado por distúrbio externos. Percebe-se pela Equação (7.4) que as características de resposta do sistema e o critério de estabilidade podem ser determinados pelos autovalores de $\mathbf{A} - \mathbf{BK}$. Existem diversas técnicas para encontrar a matriz $\mathbf{K}$, entre elas podem-se citar a alocação de polos e o regulador quadrático linear (LQR).

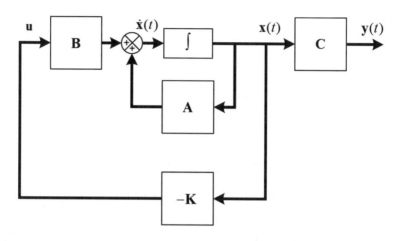

Figura 7.2: Diagrama de blocos do controle por realimentação de estados.

7.2 Projeto de controle por alocação de polos

Nesta seção serão apresentadas três estratégias para obtenção da matriz de ganho **K** para o controle por alocação polos.

7.2.1 Primeira estratégia

Seja por definição a matriz de transformação da Equação (7.5):

$$\mathbf{T} = \mathbf{MW} \qquad (7.5)$$

em que **T** é a matriz de controlabilidade da Equação (7.2) e **W** é dada por:

$$\begin{bmatrix} a_{n-1} & a_{n-2} & K & a_1 & 1 \\ a_{n-2} & a_{n-3} & K & 1 & 0 \\ M & M & K & M & m \\ a_1 & 1 & K & 0 & 0 \\ 1 & 0 & K & 0 & 0 \end{bmatrix} \qquad (7.6)$$

em que os elementos a_i são os coeficientes do polinômio característico:

$$|s\mathbf{I} - \mathbf{A}| = s^n + a_1 s^{n-1} + K + a_{n-1} + a_n \qquad (7.7)$$

Deve-se então escrever o polinômio característico para o sistema com os polos desejados:

$$(s - \mu_1)(s - \mu_2)K(s - \mu_n) = s^n + \alpha_1 s^{n-1} + K + \alpha_{n-1}s + \alpha_n \qquad (7.8)$$

em que μ_i são os polos desejados.

A matriz de ganho de retroação de estado é obtida de:

$$\mathbf{K} = [\alpha_n - a_n \quad \alpha_{n-1}a_{n-1} \quad K \quad \alpha_2 - a_2 \quad \alpha_1 - a_1]T^{-1} \qquad (7.9)$$

sendo α_i obtido da Equação (7.8), a_1 da Equação (7.7) e T da Equação (7.5)

7.2.2 Segunda estratégia

Deve-se escrever a matriz de ganho de retroação de estados na seguinte forma:

$$\mathbf{K} = [k_1 \quad k_2 \quad K \quad k_n] \qquad (7.10)$$

A matriz $\mathbf{K}$ é obtida da seguinte forma:

$$|s\mathbf{I} - \mathbf{A} + \mathbf{BK}| = (s - \mu_1)(s - \mu_2)K(s - \mu_n) \qquad (7.11)$$

em que μ_i são os polos desejados.

7.2.3 Terceira estratégia

Considerando a fórmula de Ackermann:

$$\phi(\mathbf{A}) = \mathbf{A}^n + \alpha_1 \mathbf{A}^{n-1} + \alpha_2 \mathbf{A}^{n-2} + K + \alpha_{n-1}\mathbf{A} + \alpha_n \mathbf{I} \qquad (7.12)$$

α_i é obtido da Equação (7.7). A matriz $\mathbf{K}$ é obtida de:

$$\mathbf{K} = [0 \quad 0 \quad K \quad 1]\mathbf{M}^{-1}\phi(\mathbf{A}) \qquad (7.13)$$

em que $\mathbf{M}$ é a matriz de controlabilidade da Equação (7.2).

Para obtenção da matriz de ganho utilizando-se o MATLAB, podem-se considerar os comandos acker ou place. $\mathbf{K} = \text{place}(\mathbf{A}, \mathbf{B}, \mathbf{P}_d)$ calcula a matriz $\mathbf{K}$ de ganhos de realimentação em que os autovalores de $\mathbf{A} - \mathbf{BK}$ são especificados no vetor $\mathbf{P}_d$. Nenhum autovalor deve ter multiplicidade maior que o número de entradas. $\mathbf{K} = \text{acker}(\mathbf{A}, \mathbf{B}, \mathbf{P}_d)$ calcula a matriz $\mathbf{K}$ de ganhos de realimentação em que um sistema com uma entrada $\dot{\mathbf{X}} = \mathbf{AX} + \mathbf{BU}$ e com realimentação de $\mathbf{U} = -\mathbf{KX}$ tem polos de malha fechada especificados no vetor $\mathbf{P}$, isto é, $.\mathbf{P}_d = \text{eig}(\mathbf{A} - \mathbf{BK})$.

7.3 Problema de controle ótimo quadrático

Considerando o problema de controle ótimo com a seguinte sistema de equações:

$$\dot{\mathbf{X}} = \mathbf{AX} + \mathbf{BU} \tag{7.14}$$

determinar a matriz $\mathbf{K}$ do vetor de controle ótimo:

$$\mathbf{U} = -\mathbf{KX} \tag{7.15}$$

de modo a minimizar o índice de desempenho:

$$\mathbf{J} = (\mathbf{X}^T \mathbf{QX} + \mathbf{U}^T \mathbf{RU})dt \tag{7.16}$$

em que $\mathbf{Q}$ é uma matriz hermetiana ou simétrica real definida positiva (ou semidefinida positiva) e $\mathbf{R}$ é uma matriz hermetiana ou real simétrica definida positiva.

As matrizes $\mathbf{Q}$ e $\mathbf{R}$ determinam a importância relativa do erro e do dispêndio de energia. Em consequência, se os elementos da matriz $\mathbf{K}$ forem determinados de modo a minimizar o índice de desempenho, então $\mathbf{U} = -\mathbf{KX}$ é ótimo qualquer que seja o estado inicial $\mathbf{X}(0)$.

Para resolver o problema de otimização, substituímos a Equação (7.15) na Equação (7.14) para obter: $\dot{\mathbf{X}} = \mathbf{AX} - \mathbf{BKX} = (\mathbf{A} - \mathbf{BK})\mathbf{X}$, admitindo-se que a matriz $\mathbf{A} - \mathbf{BK}$ seja estável, ou seja, que os autovalores da matriz $\mathbf{A} - \mathbf{BK}$ tenham parte real negativa. Substituindo-se a Equação (7.15) na Equação (7.16), temos:

$$j = \int_0^\infty (\mathbf{X}^T \mathbf{QX} + \mathbf{X}^T \mathbf{K}^T \mathbf{RKX}) \equiv \int_0^\infty \mathbf{X}^T (\mathbf{Q} + \mathbf{K}^T \mathbf{RK}) \tag{7.17}$$

considerando que: $\mathbf{X}^T(\mathbf{Q} + \mathbf{KRK})\mathbf{X} = -\frac{d}{dt}(\mathbf{X^T P X})$, em que $\mathbf{P}$ é uma matriz hermitiana ou real simétrica e definida positiva.

Obtém-se, assim,

$$\mathbf{X}^T(\mathbf{Q} + \mathbf{K}^T\mathbf{RK})\mathbf{X} = -\mathbf{XPXX}^T\mathbf{P}\dot{\mathbf{X}} = -\mathbf{X}^T\left[(\mathbf{A} - \mathbf{BK})^T\mathbf{P} + \mathbf{Q}\right] \qquad (7.18)$$

Comparando ambos os membros dessa última equação e observando que ela deve ser verdadeira para qualquer x, deve-se ter:

$$(\mathbf{A} - \mathbf{BK})^T\mathbf{P} + \mathbf{P}(\mathbf{A} - \mathbf{BK}) = -(\mathbf{Q} + \mathbf{K}^T\mathbf{RK}) \qquad (7.19)$$

Pelo segundo método de Lyapunov, se $\mathbf{A} - \mathbf{BK}$ é uma matriz estável, então existe uma matriz $\mathbf{P}$ definida positiva que satisfaz a Equação (7.19). Por conseguinte, deve-se determinar os elementos de $\mathbf{P}$ a partir dessa equação e verificar se ela é definida positiva.

O índice de desempenho J pode ser calculado como:

$$J = \int_0^\infty \mathbf{X}^T(\mathbf{Q} + \mathbf{KRK})\mathbf{X}dt = -\mathbf{X}^T(\infty)\mathbf{PX}(\infty) + \mathbf{X}^T(0)\mathbf{PX}(0) \qquad (7.20)$$

Como se admite que todos os autovalores de $\mathbf{A} - \mathbf{BK}$ têm parte real negativa, tem-se $\mathbf{X}(\infty) \to 0$. Obtém-se, portanto:

$$J = \mathbf{X}^T(0)\,\mathbf{PX}(0) \qquad (7.21)$$

Assim, o índice de desempenho J pode ser obtido em termos dos estados iniciais $\mathbf{X}(0)$ e $\mathbf{P}$.

Para obter a solução do problema de controle ótimo quadrático, procede-se como a seguir: supondo que $\mathbf{R}$ é uma matriz hermetiana ou real simétrica definida positiva, pode-se escrever $\mathbf{R} = \mathbf{T}^T\mathbf{T}$, em que $\mathbf{T}$ é uma matriz não singular. Então, temos: $(\mathbf{A}^T\mathbf{K}^T\mathbf{B}^T)\mathbf{P} + \mathbf{P}(\mathbf{A} - \mathbf{BK}) + \mathbf{Q} + \mathbf{K}^T\mathbf{T}^T\mathbf{TK} = 0$, que pode ser escrita sob a forma: $\mathbf{A}^T\mathbf{P} + \mathbf{PA} + [\mathbf{TK} - (\mathbf{T}^T)^{(-1)}\mathbf{B}^T\mathbf{P}][\mathbf{TK} - (\mathbf{T}^T)^{(-1)}\mathbf{B}^T\mathbf{P}] - \mathbf{PBR}^{(-1)}\mathbf{B}^T\mathbf{P} + \mathbf{Q} = 0$

A minimização de J com relação a $\mathbf{K}$ requer a minimização de: $\mathbf{X}^T[\mathbf{TK} - (\mathbf{T}^T)^{(-1)}\mathbf{BP}]^T[\mathbf{TK} - (\mathbf{T}^T)^{(-1)}\mathbf{B}^T\mathbf{P}]\mathbf{X}$ com respeito a $\mathbf{K}$. Como essa expressão

Controle por realimentação dos estados

é não negativa, o mínimo ocorre quando ela vale zero, ou seja, quando $\mathbf{TK} = (\mathbf{T}^T)^{(-1)}\mathbf{B}^T\mathbf{P}$, assim:

$$\mathbf{K} = \mathbf{T}^{(-1)}(\mathbf{T}^T)^{(-1)}\mathbf{B}^T\mathbf{P} = \mathbf{K}^{(-1)}\mathbf{B}^T\mathbf{P} \tag{7.22}$$

A Equação (7.22) fornece a matriz ótima $\mathbf{K}$. Em consequência, a lei de controle ótimo para o problema de controle ótimo quadrático, quando o índice de desempenho é dado pela Equação (7.22), é linear e dada por:

$$\mathbf{U} = -\mathbf{KX} = -\mathbf{R}^{(-1)}\mathbf{B}^T\mathbf{PX} \tag{7.23}$$

A matriz $\mathbf{P}$ na Equação (7.23) deve satisfazer a Equação (7.13) ou a seguinte equação reduzida:

$$\mathbf{PA} + \mathbf{A}^T\mathbf{P} - \mathbf{PBR}^{(-1)}\mathbf{B}^T\mathbf{P} + \mathbf{Q} = 0 \tag{7.24}$$

Essa equação é chamada de equação matricial reduzida de Riccati.

No MATLAB, o comando $\mathbf{K} = \text{lqr}(\mathbf{A}, \mathbf{B}, \mathbf{Q}, \mathbf{R})$ resolve o problema do regulador quadrático linear contínuo no tempo e a equação de Riccati associada. Outro comando é $[K, P, E] == \text{lqr}(\mathbf{A}, \mathbf{B}, \mathbf{Q}, \mathbf{R})$, em que $\mathbf{K}$ é a matriz de controle, $\mathbf{P}$ é a matriz de Riccati e $\mathbf{E}$ são os polos do sistema.

7.4 Controle da vibração de sistemas mecânicos vibracionais

Nesta seção são apresentados dois exemplos de aplicação do controle por realimentação de estado, considerando um sistema com uma massa e outro com duas massas acopladas.

7.4.1 Controle de um sistema mecânico vibracional com uma massa

Na Figura 7.3, pode-se observar um sistema oscilador mecânico vibracional composto de uma massa oscilante m, da força da mola k e da força do amortecedor b.

Considerando o lagrangeano:

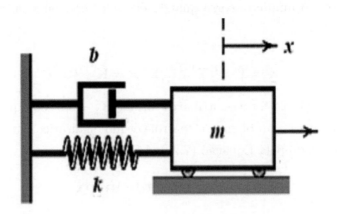

Figura 7.3: Sistema mecânico oscilante com um grau de liberdade.

$$L = E_k - E_p \qquad (7.25)$$

em que E_k e E_p são as energias cinética e potencial, respectivamente, as equações de movimento para a coordenada podem ser obtidas de:

$$\frac{d}{dt}\left(\frac{\partial L}{\partial \dot{q}_i}\right) - \frac{\partial L}{\partial q_i} = \mathcal{F}_i \qquad (7.26)$$

em que $i = 1, 2, ..., N$, N é o grau de liberdade do sistema, $\mathcal{F}$ são forças não conservativas e q são coordenadas generalizadas.

O sistema mecânico da Figura 7.3 tem as seguintes energias e forças não conservativas:

$$E_k = \frac{1}{2}m\dot{x}^2 \qquad (7.27)$$

$$E_p = \frac{1}{2}kx^2 \qquad (7.28)$$

$$\mathcal{F} = -b\dot{x} \qquad (7.29)$$

Aplicando a Equação (7.26) nas Equações (7.27), (7.28) e (7.29), obtemos:

$$m\ddot{x} + b\dot{x} + kx = 0 \qquad (7.30)$$

Substituindo $\delta = \frac{k}{m}$ e $\gamma = \frac{b}{m}$, a Equação (7.30) pode ser representada na seguinte forma:

$$\ddot{y} + \gamma \dot{y} + \delta y = 0 \qquad (7.31)$$

A Equação (7.30) pode ser representada pelo seguinte sistema:

$$\begin{aligned} \dot{x}_1 &= x_2 \\ \dot{x}_2 &= -\delta x_1 - \gamma x_2 \end{aligned} \qquad (7.32)$$

em que $(x_1 = y)$ e $(x_2 = \dot{y})$.

Na Figura 7.4 pode-se observar o sistema da Equação (7.32) considerando os seguintes parâmetros: $y_0 = 2$, $\dot{y}_0 = 0$, $\gamma = 0,05$ e $\delta = 0,01$.

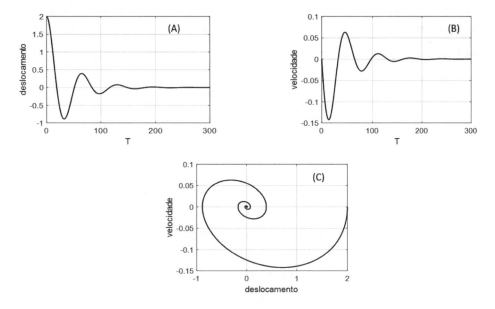

Figura 7.4: Histórico no tempo: (A) deslocamento da massa m, (B) velocidade de deslocamento da massa m e (C) diagrama de fase.

Considere agora a introdução de um sinal de controle no sistema da equação (7.33):

$$\begin{aligned} \dot{x}_1 &= x_2 \\ \dot{x}_2 &= -\delta x_1 - \gamma x_2 + U \end{aligned} \qquad (7.33)$$

em que $U = -\mathbf{K}\mathbf{X}$, com:

$$\mathbf{K} = \begin{bmatrix} k_{1,1} & k_{1,2} \end{bmatrix}$$

e

$$\mathbf{X} = \begin{bmatrix} x_1 \\ x_2 \end{bmatrix}$$

Do sistema da Equação (7.33) temos as seguintes matrizes: $\mathbf{A} = \begin{bmatrix} 0 & 1 \\ -\delta & -\gamma \end{bmatrix}$ e $\mathbf{B} = \begin{bmatrix} 0 \\ 1 \end{bmatrix}$. Para obtenção do ganho $\mathbf{K}$, pode-se considerar a aplicação do controle ótimo quadrático, ou o método de alocação de polos. Considerando o controle ótimo, o ganho $\mathbf{K}$ pode ser encontrado utilizando o comando $[\mathbf{K}, \mathbf{P}, \mathbf{E}] = $ lqr$(\mathbf{A}, \mathbf{B}, \mathbf{Q}, \mathbf{R})$, em que $\mathbf{K}$ é a matriz de controle, $\mathbf{P}$ é a matriz de Riccati e $\mathbf{E}$ são os polos do sistema em malha fechada.

Definindo as matrizes

$$\mathbf{Q} = \begin{bmatrix} 1 & 0,1 \\ 0,1 & 0,1 \end{bmatrix}$$

e

$$\mathbf{R} = [1]$$

obtemos as seguintes matrizes:

$$\mathbf{K} = \begin{bmatrix} 0,9900 & 1,3931 \end{bmatrix}$$

$$\mathbf{P} = \begin{bmatrix} 1,3427 & 0,9900 \\ 0,9900 & 1,3931 \end{bmatrix}$$

e

$$\mathbf{E} = \begin{bmatrix} -0,7216 + 0,6924\mathrm{i} \\ -0,7216 - 0,6924\mathrm{i} \end{bmatrix}$$

Como pode ser observado no vetor $\mathbf{E}$, o sistema em malha fechada tem os seguintes polos: $(-0,7216 \pm 0,6924)$. Considerando a matriz de ganho $\mathbf{K}$, temos o sinal de controle:

$$U = -0,9900x_1 - 1,3931x_2 \tag{7.34}$$

Na Figura 7.5 pode-se observar o sistema da Equação (7.32) com o controle da Equação (7.34).

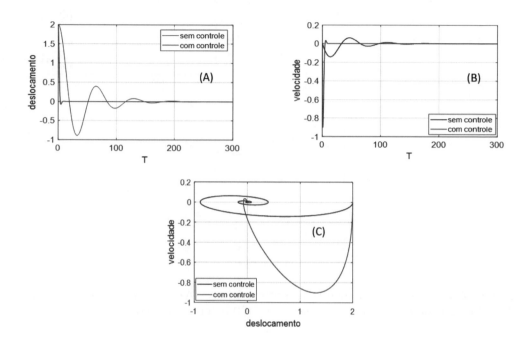

Figura 7.5: Histórico no tempo com controle ótimo: (A) deslocamento da massa m, (B) velocidade de deslocamento da massa m e (C) diagrama de fase.

Considerando o controle pelo método de alocação de polos, **K** pode ser encontrado utilizando o comando $\mathbf{K} = \text{acker}(\mathbf{A},\mathbf{B},\mathbf{P})$ ou $\mathbf{K} = \text{place}(\mathbf{A},\mathbf{B},\mathbf{P})$, em que **K** é a matriz de controle e **P** são os polos desejados para o sistema em malha fechada. Definindo que o sistema em malha fechada tenha os mesmos polos do sistema em malha fechada com o controle ótimo: $(-0,7216 \pm 0,6924)$, obtemos as seguintes matrizes:

$$\mathbf{K} = \begin{bmatrix} 0,9900 & 1,3931 \end{bmatrix}$$

Considerando a matriz de ganho **K**, temos o sinal de controle:

$$U = -0,9900x_1 - 1,3931x_2 \tag{7.35}$$

Na Figura 7.6 pode-se observar o sistema da Equação (7.32) com o controle da Equação (7.35).

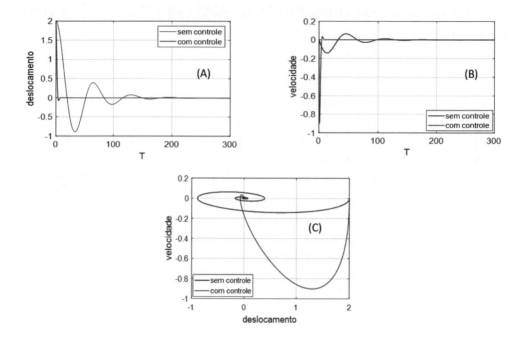

Figura 7.6: Histórico no tempo com controle ótimo: (A) deslocamento da massa m, (B) velocidade de deslocamento da massa m e (C) diagrama de fase.

7.4.2 Controle de um sistema mecânico vibracional com duas massas acopladas

Na Figura 7.7 pode-se observar um exemplo de sistema com dois graus de liberdade.

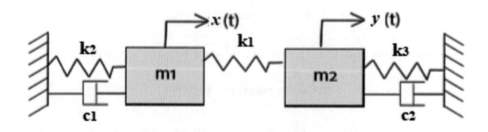

Figura 7.7: Sistema mecânico oscilante com dois graus de liberdade.

Controle por realimentação dos estados 139

O sistema mecânico da Figura 7.7 tem as seguintes energias e forças não conservativas:

$$E_k = \frac{1}{2}m_1\dot{x}^2 + \frac{1}{2}m_2\dot{y}^2 \tag{7.36}$$

$$E_p = \frac{1}{2}k_2x^2 + \frac{1}{2}k_3y^2 + \frac{1}{2}k_1\left(x - y\right)^2 \tag{7.37}$$

$$\mathcal{F}_1 = -c_1\dot{x} \tag{7.38}$$
$$\mathcal{F}_2 = -c_2\dot{y}$$

$$L = E_k - E_p \tag{7.39}$$

em que E_k e E_p são as energias cinética e potencial, respectivamente.

As equações de movimento para a coordenada podem ser obtidas de:

$$\frac{d}{dt}\left(\frac{\partial L}{\partial \dot{q}_i}\right) - \frac{\partial L}{\partial q_i} = \mathcal{F}_i \tag{7.40}$$

Aplicando a Equação (7.26) nas Equações (7.36), (7.37) e (7.38), obtemos:

$$m_1\ddot{x} + c_1\dot{x} + \left(k_1 + k_2\right)x - k_1y = 0 \tag{7.41}$$
$$m_2\ddot{y} + c_2\dot{y} + \left(k_1 + k_2\right)y - k_1x = 0$$

Substituindo $\alpha_1 = \frac{c_1}{m_1}$, $\alpha_2 = \frac{k_1}{m_1}$, $\alpha_3 = \frac{k_2}{m_1}$, $\beta_1 = \frac{c_2}{m_2}$, $\beta_2 = \frac{k_1}{m_2}$ e $\beta_3 = \frac{k_2}{m_2}$, a Equação (7.41) pode ser representada na seguinte forma em espaço de estados:

$$\begin{aligned}
\dot{x}_1 &= x_2 \\
\dot{x}_2 &= -\alpha_1 x_2 - \left(\alpha_2 + \alpha_3\right)x_1 + \alpha_2 x_3 \\
\dot{x}_3 &= x_4 \\
\dot{x}_4 &= -\beta_1 x_4 - \left(\beta_2 + \beta_3\right)x_3 + \beta_2 x_1
\end{aligned} \tag{7.42}$$

Na Figura 7.8 pode-se observar o sistema da Equação (7.31) considerando os seguintes parâmetros: $\alpha_1 = 0,1$; $\alpha_2 = 0,3$, $\alpha_3 = 0,4$, $\beta_1 = 0,2$, $\beta_2 = 0,6$, $\beta_4 = 0,8$, $x_1 = 2$, $x_2 = 0$, $x_3 = -2$, $x_4 = 0$.

Considerando a introdução de um sinal de controle no sistema da Equação (7.42):

$$\begin{aligned} \dot{x}_1 &= x_2 \\ \dot{x}_2 &= -\alpha_1 x_2 - (\alpha_2 + \alpha_3) x_1 + \alpha_2 x_3 + U_1 \\ \dot{x}_3 &= x_4 \\ \dot{x}_4 &= -\beta_1 x_4 - (\beta_2 + \beta_3) x_3 + \beta_2 x_1 + U_2 \end{aligned} \qquad (7.43)$$

em que $U = -\mathbf{KX}$, com:

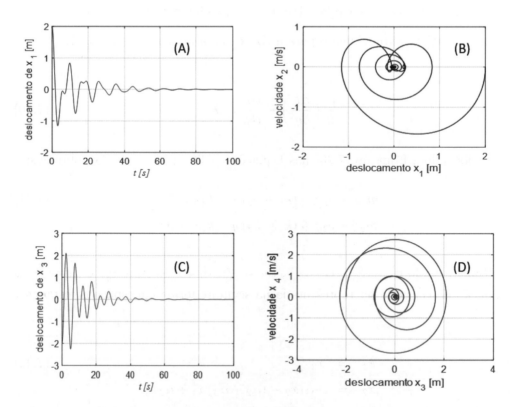

Figura 7.8: Histórico no tempo: (A) deslocamento da massa m_1, (B) diagrama de fase da massa m_1, (C) deslocamento da massa m_2 e (D) diagrama de fase da massa m_2.

$$\mathbf{K} = \begin{bmatrix} k_{1,1} & k_{1,2} & k_{1,3} & k_{1,4} \\ k_{2,1} & k_{2,2} & k_{2,3} & k_{2,4} \end{bmatrix}$$

e

$$\mathbf{X} = \begin{bmatrix} x_1 \\ x_2 \\ x_3 \\ x_4 \end{bmatrix}$$

Do sistema da Equação (7.9), temos as seguintes matrizes:

$$\mathbf{A} = \begin{bmatrix} 0 & 1 & 0 & 0 \\ -(\alpha_2 + \alpha_3) & -\alpha_1 & \alpha_2 & 0 \\ 0 & 0 & 0 & 1 \\ \beta_2 & 0 & -(\beta_2 + \beta_3) & -\beta_1 \end{bmatrix}$$

e

$$\mathbf{B} = \begin{bmatrix} 0 & 0 \\ 1 & 0 \\ 0 & 0 \\ 0 & 1 \end{bmatrix}$$

Para obtenção do ganho $\mathbf{K}$, pode-se considerar a aplicação do controle ótimo quadrático, ou o método de alocação de polos. Considerando o controle ótimo, o ganho $\mathbf{K}$ pode ser encontrado utilizando o comando $[\mathbf{K}, \mathbf{P}, \mathbf{E}] = \mathrm{lqr}(\mathbf{A}, \mathbf{B}, \mathbf{Q}, \mathbf{R})$, em que $\mathbf{K}$ é a matriz de controle, $\mathbf{P}$ é a matriz de Riccati e $\mathbf{E}$ são os polos do sistema em malha fechada.

Definindo as matrizes

$$\mathbf{Q} = \begin{bmatrix} 1 & 0 & 0 & 0 \\ 0 & 0,1 & 0 & 0 \\ 0 & 0 & 1 & 0 \\ 0 & 0 & 0 & 0,1 \end{bmatrix}$$

e

$$\mathbf{R} = \begin{bmatrix} 1 & 0 \\ 0 & 1 \end{bmatrix}$$

obtemos as seguintes matrizes:

$$K = \begin{bmatrix} 0,5993 & 1,0385 & 0,0261 & 0,1107 \\ 0,1976 & 0,1107 & 0,3248 & 0,6817 \end{bmatrix}$$

$$P = \begin{bmatrix} 1,3647 & 0,5993 & -0,0910 & 0,1976 \\ 0,5993 & 1,0385 & 0,0261 & 0,1107 \\ -0,0910 & 0,0261 & 1,2104 & 0,3248 \\ 0,1976 & 0,1107 & 0,3248 & 0,6817 \end{bmatrix}$$

e

$$E = \begin{bmatrix} -0,5883 + 0,8793i \\ -0,5883 - 0,8793i \\ -0,4218 + 1,3137i \\ -0,4218 - 1,3137i \end{bmatrix}$$

Como pode ser observado no vetor E, o sistema em malha fechada tem os seguintes polos $(-0,5883 \pm 0,8793i)$ e $(-0,4218 \pm 1,3137i)$. Considerando a matriz de ganho K, temos o sinal de controle:

$$\begin{aligned} U_1 &= -0,5993x_1 - 1,0385x_2 - 0,0261\,x_3 - 0,1107x_4 \\ U_2 &= -0,1976x_1 - 0,1107\,x_2 - 0,3248x_3 - 0,6817x_4 \end{aligned} \tag{7.44}$$

Na Figura 7.9 pode-se observar o sistema da Equação (7.43) com o controle da Equação (7.44).

Controle por realimentação dos estados

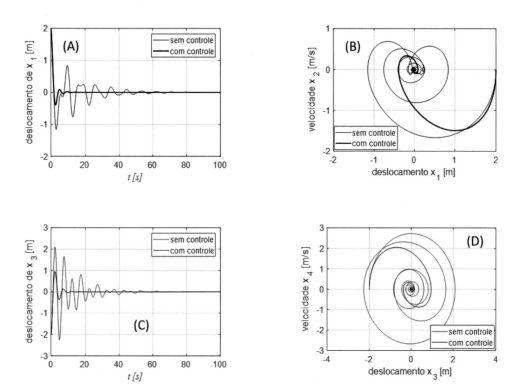

Figura 7.9: Histórico no tempo com controle por alocação de polos: (A) deslocamento da massa m_1, (B) diagrama de fase da massa m_1, (C) deslocamento da massa m_2 e (D) diagrama de fase da massa m_2.

Capítulo 8

Controle ótimo para sistemas não lineares

8.1 Introdução

Neste capítulo são apresentadas duas estratégias de controle ótimo aplicadas em sistemas não lineares.

8.2 Controle linear *feedback*

O controle por realimentação de estados é um mecanismo matemático que regula e estabiliza o comportamento de sistemas dinâmicos. O termo realimentação de estados deve-se ao fato de que o sinal de controle é uma função da diferença entre valores atuais e desejados das variáveis de estado do sistema. O controle utiliza a saída do sistema para realimentá-lo por meio do sinal de controle. A metodologia do controle ótimo busca ao mesmo tempo controlar o processo e minimizar um índice de desempenho.

De acordo com Rafikov e Balthazar (2006), a aplicação da técnica do controle linear por realimentação de estados em sistemas não lineares deve-se à sua simplicidade de configuração e implementação. O controle é baseado na teoria da estabilidade de Lyapunov e no controle linear quadrático ótimo (LQR). A representação em diagramas de blocos do sistema com controle por realimentação de estados pode ser vista na Figura 8.1.

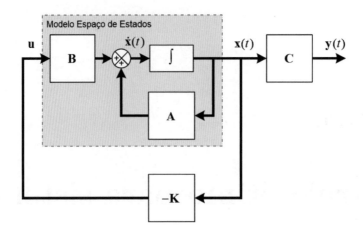

Figura 8.1: Diagrama de blocos do controle por realimentação de estados.

Consideremos um sistema de equações diferenciais ordinárias como não linear e controlável na seguinte forma:

$$\dot{\mathbf{X}} = \mathbf{A}\mathbf{X} + g(\mathbf{X}) + \mathbf{U} \tag{8.1}$$

sendo $X \in R^n$ um vetor de estados, $A \in R^{n \times n}$ a matriz de estados formada pelos termos lineares do sistema, $U \in R^m$ o vetor de controle, e $\mathbf{G}(\mathbf{X})$ um vetor de funções contínuas não lineares. O objetivo é achar uma lei de controle $\mathbf{U}$ que conduza o sistema sob ação de perturbações externas a um estado desejado. Esses tipos de regimes podem ser: um ponto de equilíbrio, uma órbita periódica ou uma órbita não periódica.

O vetor de controle $\mathbf{U}$ consiste em duas partes:

$$\mathbf{U} = \mathbf{U}_{ff} + \mathbf{U}_{fd} \tag{8.2}$$

em que $\mathbf{U}_{ff}$ é o termo *feedforward*, que pode ser escrito na seguinte forma:

$$\mathbf{U}_{ff} = \dot{\mathbf{X}}_d - \mathbf{A}\mathbf{X}_d - g(\mathbf{X}_d) \tag{8.3}$$

sendo $\mathbf{X}_d$ o estado de equilíbrio desejado, e $\mathbf{U}_{fd}$ é o controle linear *feedback* e tem a seguinte forma:

$$\mathbf{U}_{fd} = \mathbf{B}\mathbf{u} \tag{8.4}$$

em que $\mathbf{B} \in R^{n \times m}$ é uma matriz constante.

Definindo o erro dos estados como:

$$\mathbf{E} = \mathbf{X} - \mathbf{X}_d \tag{8.5}$$

e substituindo as Equações (8.5), (8.4) e (8.3) na Equação (8.1), pode-se obter a seguinte equação:

$$\dot{\mathbf{E}} = \mathbf{A}\mathbf{E} + G(\mathbf{X}) - G(\mathbf{X}_d) + \mathbf{B}\mathbf{u} \tag{8.6}$$

A parte não linear do sistema da Equação (8.1) pode ser escrita da seguinte forma:

$$g(\mathbf{X}) - g(\mathbf{X}_d) = G(\mathbf{E}, \mathbf{X}_d)(\mathbf{X} - \mathbf{X}_d) \tag{8.7}$$

sendo $G(\mathbf{E}, \ \mathbf{X}_d)$ uma matriz limitada, cujos elementos dependem de $\mathbf{E}$ e $\mathbf{X}_d$. Considerando a Equação (8.7), o sistema da Equação (8.6) adquire a seguinte forma:

$$\dot{\mathbf{E}} = \mathbf{A}\mathbf{E} + G(\mathbf{E}, \mathbf{X}_d)\mathbf{E} + \mathbf{B}\mathbf{u} \tag{8.8}$$

Se existirem as matrizes $\mathbf{Q}$ e $\mathbf{R}$, escolhidas de forma a serem definidas positivas, com $\mathbf{Q}$ simétrica, tais que a matriz:

$$\widetilde{\mathbf{Q}} = \mathbf{Q} - G^T(\mathbf{E}, \mathbf{X}_d)\mathbf{P} - \mathbf{P}G(\mathbf{E}, \mathbf{X}_d) \tag{8.9}$$

seja definida positiva, sendo a matriz $\mathbf{P}$ a solução da seguinte equação diferencial matricial de Riccatti:

$$\mathbf{PA} + \mathbf{A}^{\mathbf{T}}\mathbf{P} - \mathbf{PBR}^{-1}\mathbf{B}^{\mathbf{T}}\mathbf{P} + \mathbf{Q} = \mathbf{0} \tag{8.10}$$

então o controle linear *feedback*:

$$\mathbf{U} = -\mathbf{R}^{-1}\mathbf{B}^T\mathbf{PE} = -\mathbf{KE} \tag{8.11}$$

é ótimo e transfere o sistema não linear da Equação (8.6), de qualquer estado inicial, ao estado final:

$$E(t_f) = 0 \tag{8.12}$$

Sendo assim, para determinar os valores do ganhos $\mathcal{K}$ é por meio da Minimização do funcional definido por:

$$J = \int_0^{t_f} \left(\mathbf{E}^T \tilde{\mathbf{Q}} \mathbf{E} + \mathbf{u}^T \mathbf{R} \mathbf{u} \right) dt \qquad (8.13)$$

Para os casos em que analisar a matriz $\tilde{\mathbf{Q}}$ analiticamente é muito difícil, é possível analisá-la numericamente considerando a função $L(t) = \mathbf{E}^T(t)\tilde{\mathbf{Q}}(t)\mathbf{E}(t)$, calculada na trajetória ótima. Se $L(t)$ é definida positiva para todo o intervalo de tempo, então a matriz $\tilde{\mathbf{Q}}$ é definida positiva.

8.3 Controle linear *feedback* aplicado em um sistema eletromecânico não linear

O sistema eletromecânico mostrado na Figura 8.2 representa um oscilador mecânico. Como pode ser observado, o sistema é composto por um sistema mecânico acoplado a um circuito elétrico. A massa (m) e o coeficiente de amortecimento (d) são considerados constantes. O termo rigidez elástica do coeficiente da mola (k) é representado por um componente linear (k_l) e um não linear (k_{nl}):

$$k = k_l x + k_{nl} x^3 \qquad (8.14)$$

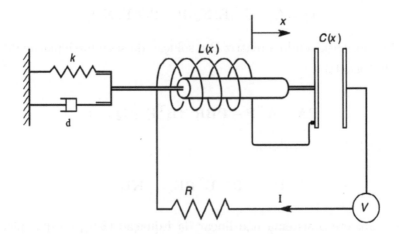

Figura 8.2: Sistema eletromecânico.

A equação da parte mecânica é:

Controle ótimo para sistemas não lineares 149

$$m\ddot{x} + d\dot{x} + k_l x + k_{nl} x^3 = F_m - F_e \tag{8.15}$$

em que F_m representa a força magnética, e F_e, a força elétrica.

O circuito elétrico usado para acionar o oscilador mecânico é do tipo RLC com fonte de tensão senoidal $(V_{ac} cos(\omega t))$. O acoplamento entre os sistemas elétrico e mecânico é realizado por uma força magnética não linear (F_m), gerada no solenoide.

A equação que descreve a dinâmica do circuito elétrico pode ser representada por:

$$L(x)\ddot{Q} + R\dot{Q} + \frac{Q}{C(x)} = V \tag{8.16}$$

em que $\dot{Q}$ representa a corrente elétrica no circuito, V a fonte de tensão, R a resistência elétrica, $L(x)$ a indutância e $C(x)$ a capacitância.

A indutância pode ser escrita como:

$$L(x) = \mu_0 N^2 A_I \left[\frac{1}{(l-x)^2} \right] \tag{8.17}$$

em que A_I é a área da seção transversal do solenoide, N é o número de voltas, l é o comprimento do solenoide e μ_0 é a permeabilidade magnética.

A energia no capacitor pode ser calculada por:

$$dW = \frac{Q}{C(x)} dQ \tag{8.18}$$

A energia armazenada é obtida pela integração da Equação (8.18):

$$W = \frac{1}{2} C(x) V^2 \tag{8.19}$$

A capacitância pode ser escrita como:

$$C(x) = \frac{\varepsilon_0 A_C}{(\varsigma - x)} \tag{8.20}$$

em que ε_0 é a permissividade do vácuo, A_C é a área da placa e ς é a distância entre as placas.

Assumindo que:

$$VC(x) = Q \tag{8.21}$$

$$F_e = -\frac{1}{2}\frac{Q^2}{\varepsilon_0 A_C} \tag{8.22}$$

a energia magnética pode ser obtida de:

$$W_m = \frac{1}{2}\frac{I^2}{L(x)} \tag{8.23}$$

A força magnética é representada por:

$$F_m = \frac{1}{2}I^2 L(x) = \frac{1}{2}\dot{Q}^2 L(x) \tag{8.24}$$

Considerando as Equações (8.17) a (8.24), as equações (8.16) e (8.17) obtemos:

$$\ddot{x} + \frac{d}{m}\dot{x} + \frac{k_l}{m} + \frac{k_{nl}}{m}x^3 = \frac{\mu_0 N^2 A_l \dot{Q}^2}{2m(l-x)^2} + \frac{Q^2}{2m\varepsilon_0 A_C} \tag{8.25}$$

$$\ddot{Q} + \frac{R\dot{Q}(l-x)^2}{\mu_0 N^2 A_I}\frac{Q(l-x)^2(\eta-x)}{\varepsilon_0\mu_0 N^2 A_I A_C} = \frac{(l-x)^2 V}{\mu_0 N^2 A_I}$$

O sistema da Equação (8.25) pode ser representado em espaços de estados:

$$\dot{x}_1 = x_2 \tag{8.26}$$

$$\dot{x}_2 = -a_1 x_2 - a_2 x_1 - a_3 x_1^3 + \frac{a_4 x_4^2}{(l-x_1)^2} + a_5 x_3^2$$

$$\dot{x}_3 = x_4$$

$$\dot{x}_4 = -b_1 x_4 + b_2 x_4 x_1 - b_3 x_4 x_1^2 - b_4 x_1 x_4 - b_5 x_1^2 x_3 + b_6 x_1^3 x_3$$

$$\qquad -b_7 x_3 + b_8 V - b_9 x_1 V + b_{10} x_1^2 V$$

em que: $a_1 = \frac{d}{m}$, $a_2 = \frac{k_l}{m}$, $a_3 = \frac{k_{nl}}{m}$, $a_4 = \frac{\mu_0 N^2 A_I}{2m}$, $a_5 = \frac{1}{2m\varepsilon_0 A_C}$, $b_1 = \frac{Rl^2}{\mu_0 N^2 A_I}$, $b_2 = \frac{R2l}{\mu_0 N^2 A_I}$, $b_3 = \frac{R}{\mu_0 N^2 A_I}$, $b_4 = \frac{(-l^2-2\varsigma l)}{\varepsilon_0\mu_0 N^2 A_I A_C}$, $b_5 = \frac{(\sigma+2l)}{\varepsilon_0\mu_0 N^2 A_I A_C}$, $b_6 = \frac{1}{\varepsilon_0\mu_0 N^2 A_I A_C}$, $b_7 = \frac{\varsigma l^2}{\varepsilon_0\mu_0 N^2 A_I A_C}$, $b_8 = \frac{l^2}{\mu_0 N^2 A_I}$, $b_9 = \frac{2l}{\mu_0 N^2 A_I}$, $b_{10} = \frac{1}{\mu_0 N^2 A_I}$.

Para simulações numéricas serão considerados os seguintes parâmetros: $a_1 = 0,1$; $a_2 = 1$; $a_3 = 3$; $a_4 = 1,5$; $a_5 = 0,05$; $b_1 = 5$; $b_2 = 1$; $b_3 = 0,05$; $b_4 =$

$-8,4745(10^{-3})$;$b_5 = 1,6949(10^{-3})$; $b_6 = 8,85(10^{-12})$; $b_7 = 1,4124(10^{-6})$; $b_8 = 3$; $b_9 = 3$; $b_{10} = 1$; $l = 1$.

A variação do deslocamento e a tensão elétrica do sistema da Equação (8.26) podem ser observados na Figura 8.3.

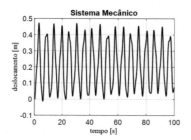 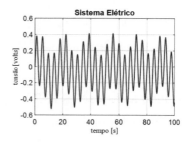

Figura 8.3: Sistema eletromecânico. (A) Deslocamento da parte mecânica. (B) Variação da tensão elétrica.

8.3.1 Projeto de controle linear *feedback*

O objetivo é determinar um sinal de controle U que direcione o sistema da Equação (8.27) de qualquer estado inicial para o estado final, dado que:

$$e = [x_1 - x_1^* \quad x_2 - x_2^* \quad x_3 - x_3^* \quad x_4 - x_4^*]^T \tag{8.27}$$

sendo que x^* representa os estados desejados.

Introduzindo um sinal de controle U no sistema eletromecânico:

$$\begin{aligned}
\dot{x}_1 &= x_2 \\
\dot{x}_2 &= -a_1 x_2 - a_2 x_1 - a_3 x_1^3 + a_4 \frac{x_4^2}{(l-x_1)^2} + a_5 x_3^2 + U_1 \\
\dot{x}_3 &= x_4 \\
\dot{x}_4 &= -b_1 x_4 + b_2 x_4 x_1 - b_3 x_4 x_1^2 - b_4 x_1 x_3 - b_5 x_1^2 x_3 + b_6 x_1^3 x_3 - b_7 x_3 \\
&\quad + b_8 V - b_9 x_1 V + b_{10} x_1^2 V + U_2
\end{aligned} \tag{8.28}$$

O controle do sistema mecânico dado por $U_1 = u_1 + u_1^*$, em que u_1^* é o controle *feedforward* e u_1 é o controle linear *feedback*. O controle da parte elétrica é dado por: $U_2 = u_2 + u_2^*$, em que u_2^* é o controle *feedforward* e u_2 é o controle linear *feedback*.

O controle *feedforward* é dado por:

$$u_1^* = \dot{x}_2^* + a_1 x_2^* + a_2 x_1^* + a_3 x_1^{3*} - a_4 \frac{x_4^{2*}}{(l-x_1^*)^2} - a_5 x_3^{2*} \tag{8.29}$$

$$u_2^* = \dot{x}_4^* + b_1 x_4^* - b_2 x_4^* x_1^* + b_3 x_4^* x_1^{2*} + b_4 x_1^* x_3^* + b_5 x_1^{2*} x_3^* - b_6 x_1^{3*} x_3^* + b_7 x_3^*$$
$$-b_8 V + b_9 x_1^* V - b_{10} x_1^{2*} V + U_2$$

Substituindo as Equações (8.27) e (8.29) no sistema da Equação (8.28), obtemos a seguinte forma matricial:

$$\begin{bmatrix} \dot{e}_1 \\ \dot{e}_2 \\ \dot{e}_3 \\ \dot{e}_4 \end{bmatrix} = \begin{bmatrix} 0 & 1 & 0 & 0 \\ -a_2 & -a_1 & 0 & 0 \\ 0 & 0 & 0 & 1 \\ 0 & 0 & -b_7 & -b_1 \end{bmatrix} \begin{bmatrix} e_1 \\ e_2 \\ e_3 \\ e_4 \end{bmatrix} + G(\mathbf{e}, \mathbf{x}) + \begin{bmatrix} 0 & 0 \\ 1 & 0 \\ 0 & 0 \\ 0 & 1 \end{bmatrix} \begin{bmatrix} u_1 \\ u_2 \end{bmatrix} \tag{8.30}$$

em que:

$$G(e, x^*) =$$

$$\begin{bmatrix} 0 \\ -a_3 (e_1 + x_1^*)^3 + a_4 \frac{(e_4 + x_4^*)^2}{[l-(e_1+x_1^*)]^2} + a_5 (e_3 + x_3^*)^2 + a_3 x_1^{3*} - a_4 \frac{x_4^{2*}}{(l-x_1^*)^2} - a_5 x_3^{2*} \\ 0 \\ \begin{aligned} & b_2(e_4 + x_4^*)(e_1 + x_1^*) - b_3(e_4 + x_4^*)(e_1 + x_1^*)^2 - b_4(e_1 + x_1^*)(e_3 + x_3^*) \\ & \quad - b_5(e_1 + x_1^*)^2(e_3 + x_3^*) + b_6(e_1 + x_1^*)^3(e_3 + x_3^*) \\ & \quad + b_8 V - b_9(e_1 + x_1^*)V + b_{10}(e_1 + x_1^*)^2 V - b_2 x_4^* x_1^* + b_3 x_4^* x_1^{2*} \\ & \quad + b_8 V - b_9(e_1 + x_1^*)V + b_{10}(e_1 + x_1^*)^2 V - b_2 x_4^* x_1^* + b_3 x_4^* x_1^{2*} \end{aligned} \end{bmatrix}$$

$$\tag{8.31}$$

Assim, temos as matrizes $\mathbf{A}$, $\mathbf{B}$, $\mathbf{Q}$ e $\mathbf{R}$:

$$\mathbf{A} = \begin{bmatrix} 0 & 1 & 0 & 0 \\ -a_2 & -a_1 & 0 & 0 \\ 0 & 0 & 0 & 1 \\ 0 & 0 & -b_7 & -b_1 \end{bmatrix}$$

$$\mathbf{B} = \begin{bmatrix} 0 & 0 \\ 1 & 0 \\ 0 & 0 \\ 0 & 1 \end{bmatrix}$$

$$\mathbf{Q} = 1000 \begin{bmatrix} 1 & 0 & 0 & 0 \\ 0 & 0,01 & 0 & 0 \\ 0 & 0 & 1 & 0 \\ 0 & 0 & 0 & 0,01 \end{bmatrix}$$

$$\mathbf{R} = \begin{bmatrix} 1 & 0 \\ 0 & 1 \end{bmatrix}$$

O vetor de ganho ($\mathbf{K}$) do controle linear *feedback* da Equação (8.35) pode ser obtido utilizando o comando lqr $= (\mathbf{A}, \mathbf{B}, \mathbf{Q}, \mathbf{R})$ do MATLAB:

$$\mathbf{K} = \begin{bmatrix} 30,6386 & 8,3432 & 0 & 0 \\ 0 & 0 & 31,6228 & 4,911 \end{bmatrix} \tag{8.32}$$

O controle linear *feedback* é dado por:

$$u_1 = -30,6386(e_1) - 8,3432(e_2) = -30,6386(x_1 - x_1^*) - 8,3432(x_2 - x_2^*) \tag{8.33}$$

$$u_2 = -31,6228(e_3) - 4,911(e_4) = -31,6228(x_3 - x_3^*) - 4,911(x_4 - x_4^*) \tag{8.34}$$

A variação do deslocamento e a tensão elétrica do sistema da Equação (8.28), considerando a utilização dos controles $U_1 = u_1 + u_1^*$ e $U_2 = u_2 + u_2^*$ com $x_1^* = 0,2 * sen\,(t) + 2,5$; $x_2^* = 0,2 * cos(t)$; $x_3^* = 0,4 * \text{sen}(t)$; $x_4^* = 0,4 * cos(t)$, podem ser observadas na Figura 8.3.

Como pode ser visto, o controle foi efetivo em manter o sistema na órbita desejada ($x_1^* = 0,2 * \text{sen}\,(t) + 2,5$; $x_2^* = 0,2 * \cos\,(t)$; $x_3^* = 0,4 * \text{sen}(t)$; $x_4^* = 0,4 * \cos(t)$).

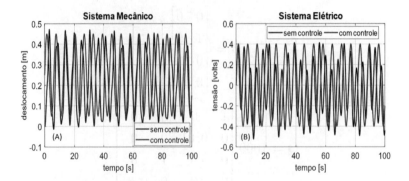

Figura 8.4: Sistema eletromecânico com controle. (A) Deslocamento da parte mecânica. (B) Variação da tensão elétrica.

8.4 Controle de estados dependentes da equação de Riccati (SDRE)

A estratégia SDRE (*State Dependent Riccati Equation*) se tornou muito popular dentro da comunidade de controle na última década. Este método, proposto inicialmente por Pearson (1962) e posteriormente expandido por Wernli e Cook (1975), foi independentemente estudado por Mracek e Cloutier (1998) e expandido por Friedland (1996). O método SDRE envolve a fatoração (isto é, parametrização) da dinâmica não linear no vetor de estado e o produto de uma função com valor de matriz que depende do próprio estado.

A proposta de controlador SDRE utiliza-se do método do controle LQR para encontrar o ganho ótimo para o controle. A aplicação do controlador SDRE faz-se necessária quando as características do sistema são não lineares e variantes no tempo.

O problema de controle ótimo para um sistema com os coeficientes da matriz de estado, dependente do estado em horizonte infinito, pode ser formulado da seguinte forma (MRACEK; CLOUTIER, 1998 apud MOLTER 2008):

$$J = \frac{1}{2}\int_0^\infty \mathbf{x}^T \mathbf{Q}(\mathbf{x})\mathbf{x} + \mathbf{u}^T \mathbf{R}(\mathbf{x})\mathbf{u}\, dt \qquad (8.35)$$

em relação ao estado **x** e ao controle **u**, sujeito ao sistema de restrições não lineares:

Controle ótimo para sistemas não lineares 155

$$\dot{\mathbf{x}} = f(x) + \mathbf{B}(x)\mathbf{u} \tag{8.36}$$

sendo $\mathbf{x} \in R^n$ e $\mathbf{u} \in R^m$. $\mathbf{Q}(\mathbf{x}) \in R^{n \times n}$ e $\mathbf{R}(\mathbf{x}) \in R^{n \times n}$ são matrizes definidas positivas.

A aproximação pelas equações SDRE para resolver o problema de controle subótimo das Equações (8.32) e (8.36) é dada pela parametrização direta, para transformar a dinâmica não linear do estado em matrizes de coeficientes do estado (SDC):

$$\dot{\mathbf{x}} = \mathbf{A}(x)\mathbf{x} + \mathbf{B}(x)\mathbf{u} \tag{8.37}$$

em que $\mathbf{A}(x) = \mathbf{u}$.

Em geral, a escolha da parametrização não é única, apenas nos casos em que x é escalar (BANKS et al., 2007). Essa escolha deve ser feita de forma apropriada, de acordo com o sistema de controle de interesse. Um fator importante é não violar a controlabilidade do sistema, ou seja, a matriz de controlabilidade depende de o estado da Equação (8.38) ter posto n:

$$\mathbf{M} = [\mathbf{B}(\mathbf{x}) \quad \mathbf{A}(\mathbf{x})\mathbf{B}(\mathbf{x}) \quad \mathbf{L} \quad \mathbf{A}(\mathbf{x})^{n-1}\mathbf{B}(\mathbf{x})] \tag{8.38}$$

Considerando que as matrizes $\mathbf{x} \in R^n$ e $\mathbf{u} \in R^m$ sejam definidas positivas e o posto da matriz de controlabilidade da Equação (8.38) seja n, o controle não linear de retroalimentação dependente dos estados é definido pela Equação (8.39):

$$\mathbf{u} = \mathbf{R}^{-1}\mathbf{B}(\mathbf{x})^T\mathbf{P}(\mathbf{x})\mathbf{x} \tag{8.39}$$

em que a solução do sistema depende da matriz $\mathbf{P}(\mathbf{x})\mathbf{x}$ e é dada por:

$$\mathbf{A}(\mathbf{x})^T\mathbf{P}(\mathbf{x}) + \mathbf{P}(\mathbf{x})\mathbf{A}(\mathbf{x}) - \mathbf{P}(\mathbf{x})\mathbf{B}(\mathbf{x})\mathbf{R}(\mathbf{x})^{-1}\mathbf{B}(\mathbf{x})^T\mathbf{P}(\mathbf{x}) + \mathbf{Q}(\mathbf{x}) = 0 \tag{8.40}$$

A técnica de controle SDRE com o controle subótimo da Equação (8.39) segue os seguinte procedimentos:

Passo 1: Escrever o sistema na forma parametrizada da Equação (8.37) com os coeficientes dependentes dos estados.

Passo 2: Definir $\mathbf{x}(0) = \mathbf{x}_0$, para que o posto da matriz da Equação (8.38) seja n.

Passo 3: Definir $\mathbf{Q}(x)$ e $\mathbf{R}(x)$.

Passo 4: Resolver a Equação (8.37) para o estado $\mathbf{x}(t)$.

Passo 5: Calcular o sinal de controle da Equação (8.39).

Passo 6: Integrar a Equação (8.37) e atualizar o estado do sistema $\mathbf{x}(t)$.

Passo 7: Calcular o posto da Equação (8.38), se posto $= n$ voltar para o passo 3. Se posto $< n$, utilizar a ultima matriz controlável obtida, e voltar para o passo 3.

A proposta de estratégia de controle SDRE pode ser vista na forma de diagrama de blocos na Figura 8.5.

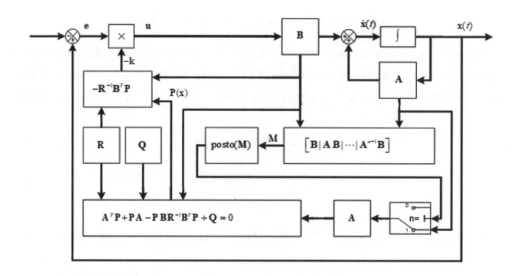

Figura 8.5: Diagrama do controle SDRE.

Optou-se por incluir no diagrama uma função de saturação do controlador, para o caso em que há limitações físicas do atuador.

Controle ótimo para sistemas não lineares 157

8.5 Aplicação do controle SDRE

Conforme Alleyne e Hedrick (1992) e Karlsson et al. (2000), sistemas físicos reais incluem em sua dinâmica componentes não lineares que devem ser levados em consideração; as características dinâmicas dos componentes da suspensão são não lineares, e amortecedores e molas têm propriedades de não linearidade.

Em várias pesquisas sobre suspensão veicular tem-se a contribuição de modelos lineares e modelos linearizados pelas séries de Taylor em torno dos pontos de equilíbrio estático, considerando o deslocamento da carroceria, do eixo e da roda. Mas, poucas pesquisas têm considerado o modelo na forma não linear para determinar o controle da suspensão (ALLEYNE; HEDRICK, 1992; BUCKNER et al., 2000).

8.6 Modelo matemático não linear

A determinação de um modelo *quarter-car* consiste em isolar um quarto do veículo e estudar separadamente esta seção. Para veículos com peso igualmente distribuído, os resultados são muito próximos do modelo completo. Geralmente, os modelos de um quarto de veículo têm apenas 2 graus de liberdade, sendo estes os deslocamentos verticais da massa suspensa e da massa não suspensa.

Conforme Chantranuwathana e Peng (2004), a utilização de modelo *quarter-car* justifica-se pelo fato de mostrar claramente o deslocamento da carroceria e da roda e as relações entre o sistema e a estratégia de controle proposta, possibilitando estudar a correlação entre conforto, segurança e sistema de controle. Por esse motivo, a maioria dos trabalhos sobre aplicação de controle em sistemas veiculares utiliza esse modelo.

O modelo de suspensão com 2 graus de liberdade para representações denominadas *quarter-car* pode ser observado na Figura 8.6. Como descrito anteriormente, o modelo consiste em isolar um quarto do veículo e estudar separadamente esta seção. Esse modelo é composto por uma massa suspensa que representa a carroceria do veículo e uma massa não suspensa que representa o conjunto eixo-roda. Essas massas são conectadas pela mola e pelo amortecedor. O contato do veículo com a pista é feito pelo pneu. O sistema é excitado pelas irregularidades da pista de amplitude x_r.

Na Figura 8.6, m_s representa a massa da carroceria, m_u a massa do eixo da roda, b_s o amortecedor passivo de uma estrutura convencional, k_s o feixe de molas, k_t o pneu como um feixe de molas (movimentos verticais do pneu), x_r os movimentos verticais da roda e x_w os movimentos verticais da carroceria. A força F representa a atuação de um dispositivo com características dinâmicas, como um amortecedor ativo ou semiativo em substituição ou em conjunto com um amortecedor passivo b_s (D'AZZO; HOUPIS, 1975).

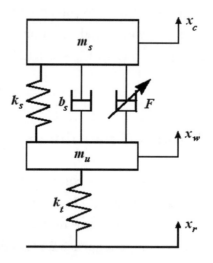

Figura 8.6: Modelo de suspensão para *quarter-car*.

O diagrama de corpo livre pode ser formulado conforme ilustram as Figuras 8.6 e 8.8, considerando como ponto de referência de coordenadas a posição do eixo da roda x_w, em que $k_s(x_w - x_c)$ representa a força na mola e no amortecedor, $b_s(x_w - x_c)$ a força devida à rigidez dos pneus, $k_t(x_w - x_r)$ a aceleração da massa da carroceria m_s, $\ddot{x}_w$ a aceleração da massa do eixo e da roda m_u e F a força do atuador. Os deslocamentos e a velocidade dos elementos de suspensão são dados pelo movimento relativo entre os corpos e a pista. Assim, o deslocamento relativo da mola é dado pela diferença entre os deslocamentos verticais do eixo e da roda e a massa da carroceria $(x_w - x_c)$, a velocidade do amortecedor é dada pela diferença entre as velocidades dessas massas $(\dot{x}_w - \dot{x}_c)$ e o deslocamento relativo do pneu é dado pela diferença entre o deslocamento vertical da massa do eixo e da roda e a amplitude da pista $(x_w - x_c)$. De acordo com a segunda lei de Newton, na condição de equilíbrio estático, deduzem-se as equações do movimento para o modelo *quarter-car*:

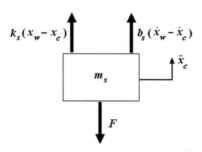

Figura 8.7: Diagrama de corpo livre para a massa m_s.

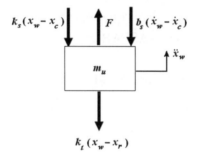

Figura 8.8: Diagrama de corpo livre para a massa m_u.

Aplicando a segunda lei de Newton, $\sum F = ma$, em cada massa separadamente, o sistema de força para o modelo *quarter-car* da Figura 8.3 pode ser representado por:

$$m_s \ddot{x}_c = b_s(\dot{x}_w - \dot{x}_c) + k_s(x_w - x_c) - F \qquad (8.41)$$
$$m_u \ddot{x}_w = -b_s(\dot{x}_w - \dot{x}_c) - k_s(x_w - x_c) - k_t(x_w - x_r) + F$$

O sistema da Equação (8.39) representa o modelo na forma linear. Conforme Gaspar et al. (2003), o amortecedor hidráulico e a mola têm componentes lineares e não lineares. As molas podem ser lineares ou não lineares. As molas consideradas lineares obedecem à lei de Hooke, ou seja, apresentam uma deformação proporcional ao carregamento que sofrem. Já as molas não lineares não apresentam tal característica.

Conforme Rill (2003), nas aplicações reais, para evitar choques nos batentes, o valor do coeficiente de rigidez da mola cresce exponencialmente conforme se afasta do ponto de equilíbrio estático. Com o objetivo de incorporar essa característica ao modelo, propõe-se considerar a força da mola $k_s(x_w - x_c)$ na seguinte forma:

$$k_s(x_w - x_c) = k_c^l(x_w - x_c) + k_s^{nl}(x_w - x_c)^3 \qquad (8.42)$$

em que o coeficiente k_c^l representa a faixa de atuação linear e o coeficiente k_s^{nl} não linear representaria a característica não linear da mola observada em situações reais (RILL, 2003).

Substituindo a Equação (8.42) na Equação (8.43), obtêm-se as seguintes equações diferenciais de segunda ordem, que representam a dinâmica de um sistema de suspensão ativa não linear (GASPAR et al., 2003):

$$
\begin{aligned}
m_s\ddot{x}_c &= k_s^l(x_w - x_c) + k_s^{nl}(x_w - x_c) + b_s^l(\dot{x}_w - \dot{x}_c) - F \qquad (8.43)\\
m_u\ddot{x}_w &= -k_s^l(x_w - x_c) + k_s^{nl}(x_w - x_c)^3 + b_s^l(\dot{x}_w - \dot{x}_c) - k_t(x_w - x_r) - F
\end{aligned}
$$

A variável x_c representa o deslocamento vertical da massa m_s, $\dot{x}_c$ a velocidade de deslocamento da massa m_s e $\ddot{x}_c$ a aceleração do deslocamento da massa m_s. A variável x_w representa o deslocamento vertical da massa m_u, $\dot{x}_w$ a velocidade de deslocamento da massa m_u e $\ddot{x}_w$ a aceleração do deslocamento da massa m_u.

Realizando as seguintes substituições: $x_1 = x_c$; $x_2 = \dot{x}_c$; $x_3 = x_w$; $x_4 = \dot{x}_w$; $\ddot{x}_w = \dot{x}_4$; $\ddot{x}_c = \dot{x}_2$; $w = x_r$; $u = F$, o sistema da Equação (8.41) pode ser representado na forma de espaço de estados:

$$
\begin{aligned}
\dot{x}_1 &= x_2 \qquad\qquad\qquad\qquad\qquad\qquad\qquad\qquad\qquad (8.44)\\
\dot{x}_2 &= -\frac{k_s^l}{m_s}x_1 - \frac{b_s^l}{m_s}x_2 + \frac{k_s^l}{m_s}x_3 + \frac{k_s^{nl}}{m_s}(x_3 - x_1)^3 - \frac{1}{m_s}u\\
\dot{x}_3 &= x_4\\
\dot{x}_4 &= -\frac{k_s^l}{m_u}x_1 - \frac{b_s^l}{m_u}x_2 + \frac{(k_s^l + k_l)}{m_u}x_3 - \frac{b_s^l}{m_u}x_4 - \frac{k_s^{nl}}{m_u}(x_3 - x_1) + \frac{k_t}{m_u}w + \frac{1}{m_u}u
\end{aligned}
$$

Para analisar a dinâmica do sistema e comparar os resultados do sistema passivo e do controle proposto às simulações realizadas nesta seção, consideremos a entrada tipo degrau com 0,1 m de amplitude. A utilização de tal sinal possibilitará a comparação entre a resposta do sistema passivo e o sistema semiativo. Conforme Moura (2003), sistemas projetados considerando tal entrada de teste fornecem normalmente um desempenho satisfatório a entradas reais.

Para as simulações computacionais serão utilizados os valores da Tabela 8.1, adaptados de Gaspar et al. (2003) e Tusset (2008).

Tabela 8.1: Valores dos parâmetros

m_s	m_u	b	b_s^{nl}
290 kg	40 kg	700 Ns/m	200 Ns/m
b_S^y	k_s^l	k_s^{nl}	k_t
400 Ns/m	$235,10^2$ Ns/m	$235,10^4$ Ns/m	$190,10^3$ Ns/m

Os parâmetros da suspensão foram escolhidos de forma a obter uma frequência natural em torno de 2 Hz para m_s e de 12 Hz para m_u, frequências próximas às utilizadas para simulações de suspensão automobilística (PINHEIRO, 2004).

Na Figura 8.9 são apresentados os deslocamentos do chassi e do eixo da roda para o caso em que a suspensão não tem forças adicionais às da mola e do amortecedor.

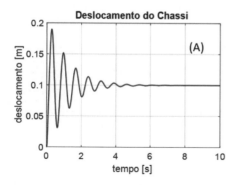 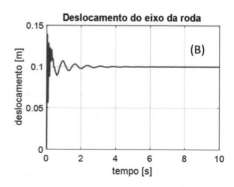

Figura 8.9: Deslocamento para uma entrada degrau ($w = 0,1$ m). (A) Deslocamento do chassi. (B) Deslocamento do eixo da roda.

Considerando o sistema da Equação (8.44) na seguinte configuração:

$$\dot{\mathbf{X}} = \mathbf{A}(\mathbf{X})\mathbf{X} + g(\mathbf{X}) + \mathbf{B}\mathbf{u} \tag{8.45}$$

em que:

$$\mathbf{A} = \begin{bmatrix} 0 & 1 & 0 & 0 \\ -\frac{k_s^l}{m_s} - 3\frac{k_s^{nl}}{m_s}x_3^2 - \frac{k_s^{nl}}{m_s}x_1^2 & -\frac{b}{m_s} & \frac{k_s^l}{m_s} + \frac{k_s^{nl}}{m_s}x_3^2 + 3\frac{k_s^{nl}}{m_s}x_1^2 & \frac{b}{m_s} \\ 0 & 0 & 0 & 1 \\ \frac{k_s^l}{m_u} + 3\frac{k_s^{nl}}{m_u}x_3^2 + \frac{k_s^{nl}}{m_u}x_1^2 & \frac{b}{m_u} & -\frac{(k_s^l+k_t)}{m_u} - \frac{k_s^{nl}}{m_u}x_3^2 - 3\frac{k_s^{nl}}{m_u}x_1^2 & -\frac{b}{m_u} \end{bmatrix}$$

$$\mathbf{X} = \begin{bmatrix} x_1 \\ x_2 \\ x_3 \\ x_4 \end{bmatrix}$$

$$\mathbf{B} = \begin{bmatrix} 0 \\ -\frac{1}{m_s} \\ 0 \\ \frac{1}{m_u} \end{bmatrix}$$

e

$$\mathbf{X} = \begin{bmatrix} 0 \\ 0 \\ 0 \\ \frac{k_t}{m_u}w \end{bmatrix}$$

Na Figura 8.10 são apresentados os deslocamentos do chassi e do eixo da roda para o caso em que a suspensão tem forças (F) adicionais às da mola e do amortecedor. E os valores das matrizes $\mathbf{Q}$ e $\mathbf{R}$ para aplicação do controle são:

$$\mathbf{Q}\,(\mathbf{x}) = 10^4 \begin{bmatrix} 100 & 0 & 0 & 0 \\ 0 & 100 & 0 & 0 \\ 0 & 0 & 10 & 0 \\ 0 & 0 & 0 & 2 \end{bmatrix}$$

e

$$\mathbf{R}\,(\mathbf{x}) = 10^{-1}$$

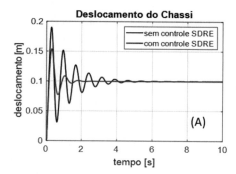 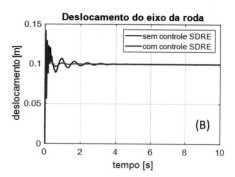

Figura 8.10: Deslocamento para uma entrada degrau ($w = 0,1$ m) considerando a inclusão do controle SDRE. (A) Deslocamento do chassi. (B) Deslocamento do eixo da roda.

Capítulo 9

Controle de processo

9.1 Introdução

Neste capitulo será apresentado o controle do reator de um processo da indústria química, mais especificamente, a fermentação alcoólica.

9.2 Processo de fermentação alcoólica

O principal equipamento no processo de fermentação alcoólica é o reator, pois nele ocorrem as transformações bioquímicas para a obtenção do produto final da fermentação, o álcool, sendo que para ocorrer a transformação da matéria-prima em álcool utilizam-se microrganismos, mais comumente as leveduras da espécie *Saccharomyces cerevisiae*. As etapas do processo fermentativo alimentado, o mais utilizado nas destilarias do Brasil, são as seguintes:

- O mosto é alimentado na dorna de fermentação, onde se encontra a suspensão de levedura.

- O processo fermentativo do mosto ocorre durante a alimentação da dorna e continua até se completar a conversão dos açúcares.

- O vinho segue para um processo de separação vinho-levedura.

- A levedura é recuperada e tratada (água e adição de ácido) e, posteriormente, retorna ao reator para nova fermentação.

9.3 Modelo matemático do reator

Um esquema do fermentador é indicado na Figura 9.1.

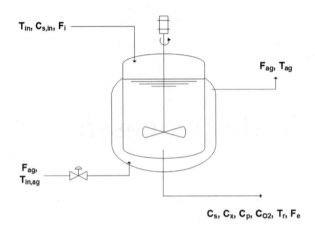

Figura 9.1: Representação do fermentador contínuo.

Na vazão de entrada tem-se a concentração de açúcar ou substrato $(C_{s,in})$, a temperatura (T_{in}) e a vazão (F_{in}). Nas condições adequadas de concentração inicial de matéria-prima e microrganismo no fermentador, as leveduras se reproduzem e produzem etanol. A concentração de microrganismo, Equação (9.1), varia com a taxa de crescimento das leveduras e a quantidade de microrganismos que saem do sistema.

$$\frac{dC_x}{dt} = \mu_x C_x \frac{C_s}{K_s + C_s} e^{-K_p C_p} - \frac{F_e}{V} C_x \quad (9.1)$$

Uma parte do açúcar da alimentação é usada pelas leveduras para o seu crescimento. Quando a taxa de multiplicação de leveduras é igual à quantidade de leveduras que saem do reator, temos uma concentração constante de leveduras. A variação da concentração também depende do crescimento específico máximo μ_x, Equação (9.2), que varia com a temperatura:

$$\mu_x = A_1 e^{\frac{E_{a_1}}{R(T_r+273)}} - A_2 e^{\frac{E_{a_2}}{R(T_r+273)}} \quad (9.2)$$

O crescimento específico máximo mostra a taxa de crescimento e de morte de leveduras com o tempo. Essa relação mostra a quantidade máxima de leveduras que crescem a uma determinada temperatura.

Controle de processo 167

A quantidade de açúcar dentro do reator, Equação (9.3), depende da quantidade de açúcar que entra e da taxa de consumo desse substrato pela levedura, tanto para a produção de etanol quanto para a reprodução das leveduras:

$$\frac{dC_S}{dt} = -\frac{1}{R_{sx}}\mu_x C_x \frac{C_s}{K_s + C_s}e^{-K_pC_p} - \frac{1}{R_{sp}}\mu_p C_x \frac{C_s}{K_{s1} + C_s}e^{-K_{p1}C_p} + \frac{F_i}{V}C_{s,in} - \frac{F_e}{V}C_s$$

$$(9.3)$$

O ideal seria que as leveduras consumissem todo o açúcar, porém, em virtude de o sistema ser contínuo, as leveduras não têm tempo hábil para fermentar todo o açúcar, sobrando assim uma quantidade que sai do reator sem ser fermentado.

A produção de etanol depende do consumo de açúcar pelas leveduras no reator. A variação na concentração de etanol no reator é relacionada na Equação (9.4), sendo essa concentração a quantidade de etanol produzida menos a quantidade de etanol que sai:

$$\frac{dC_p}{dt} = \mu_p C_x \frac{C_s}{k_s} + C_s e^{-K_pC_p} - \frac{F_e}{V} \tag{9.4}$$

A concentração de oxigênio dissolvido no reator, Equação (9.5), depende da quantidade de oxigênio do ar que se difunde para o reator e da quantidade de oxigênio que é consumida:

$$\frac{dC_{O_2}}{dt} = k_l a(C_{O_2}^* - C_{O_2}) \tag{9.5}$$

em que $k_l a$ é o coeficiente volumétrico de transferência de massa, Equação (9.6), que é dependente da temperatura, e $k_l a_0$ é o valor desse coeficiente para temperatura constante:

$$k_l a = k_l a_0 (1,024)^{T_r - 20} \tag{9.6}$$

A quantidade de oxigênio que se difunde depende da diferença entre a concentração de oxigênio no equilíbrio, Equação (9.7), e a concentração de oxigênio no reator.

$$C_{O_2}^* = (14,6 - 0,3943T_r + 0,00714T_r^2 - 0,0000646T_r^3)10^{-\sum H_i I_i} \tag{9.7}$$

Já a quantidade de oxigênio em equilíbrio no reator depende da temperatura e do coeficiente global de forças iônicas, $-\sum H_i I_i$, que é dado pela Equação (9.8):

$$\sum H_{il_i} = 0.5 H_{Na} \frac{m_{NaCl}}{M_{NaCl}} \frac{M_{Na}}{V} + 2 H_{Ca} \frac{m_{CaCO_3}}{m_{CaCO_3}} \frac{M_{Ca}}{V} \tag{9.8}$$

$$+ \quad 2 H_{Mg} \frac{m_{MgCl_2}}{M_{MgCl_2}} \frac{M_{Mg}}{V} + 0.5 H_{Cl} \left(\frac{m_{NaCl}}{M_{NaCl}} + 2 \frac{m_{MgCl_2}}{M_{MgCl_2}} \right) \frac{M_{Cl}}{V}$$

$$+ \quad 2 H_{CO_3} \frac{m_{CaCO_3}}{M_{CaCO_3}} \frac{M_{CO_3}}{V} + 0,5 H_H 10^{-pH} + 0,5 H_{OH} 10^{(14-pH)}$$

Como o volume e o pH são constantes, o coeficiente global de forças iônicas é constante e vale $0,1227$. Esse valor é adimensional. A Equação (9.9) relaciona o consumo de oxigênio pela levedura durante a sua fermentação:

$$r_{O_2} = \mu_{O_2} \frac{1}{Y_{O_2}} C_x \frac{C_{O_2}}{K_{O_2} + C_{O_2}} \tag{9.9}$$

Além do balanço de massa, precisamos do balanço de energia para descrever o comportamento da temperatura do fermentador e da jaqueta de refrigeração. O fluido utilizado para refrigerar o reator neste trabalho será água com temperatura de $15°C$. O balanço de energia é composto apenas por duas equações: variação de temperatura do reator, Equação (9.10), e variação de temperatura na jaqueta, Equação (9.11).

$$\frac{dT_r}{dt} = \frac{F_i}{V}(T_{in} + 273) - \frac{F_e}{V}(T_r + 273) + \frac{r_{O_2} \Delta H_r}{32 \rho_r C_{heat,r}} - \frac{K_T A_T (T_r - T_{ag})}{V \rho_r C_{heat,r}} \tag{9.10}$$

sendo o valor da constante 273 válido apenas para conversão da temperatura de Celsius para Kelvin, mantendo sempre as mesmas unidades de medida, e o calor de reação ΔH_r considerado constante.

$$\frac{dT_{ag}}{dt} = \frac{F_{aq}}{V_j}(T_{in,ag} - T_{ag}) + \frac{K_T A_T (T_r - T_{ag})}{V_j \rho_{ag} C_{heat,ag}} \tag{9.11}$$

O modelo dinâmico utilizado na investigação do comportamento dinâmico do biorreator para fermentação e produção de etanol pode ser representado resumi-

Controle de processo

169

damente pelas Equações (9.12):

$$
\begin{aligned}
\frac{d(C_x)}{dt} &= \mu_x C_x \frac{C_s}{K_s + C_s} e^{-K_p C_p} - \frac{F_e}{V} C_x \qquad (9.12) \\
\frac{d(C_s)}{dt} &= \frac{1}{R_{SX}} \mu_x C_x \frac{C_s}{K_s + C_s} e^{-K_p C_p} - \frac{1}{R_{Sp}} \mu_P C_x \frac{C_s}{K_{S1} + C_s} e^{-K_{p_1} C_p} \\
&\quad + \frac{F_i}{V} C_{S,in} - \frac{F_e}{V} C_s \\
\frac{d(C_{O_2})}{dt} &= k_{ia} \left(C_{O_2}^* - C_{O_2} \right) - r_{O_2} \\
\frac{d(T_r)}{dt} &= \frac{F_i}{V}(T_{in} + 273) - \frac{F_e}{V}(T_r + 273) + \frac{r_{O_2} \Delta H_r}{32 \rho_r C_{heat,r}} - \frac{K_T A_T (T_r - T_{ag})}{V \rho_r C_{heat,r}} \\
\frac{d(T_{ag})}{dt} &= \frac{F_{aq}}{V_j}(T_{in,ag} - T_{ag}) + \frac{K_T A_T (T_r - T_{ag})}{V_j \rho_{ag} C_{heat,ag}}
\end{aligned}
$$

A Tabela 9.1 apresenta os valores dos parâmetros utilizados nas simulações numéricas.

Tabela 9.1: Parâmetros utilizados nas simulações numéricas

Constantes do modelo matemático do fermentador	
$A_1 = 9,5 \times 10^8$	$H_H = -0,774$
$A_2 = 2,55 \times 10^3$	$H_{Mg} = -0,314$
$A_T = 1 \ \mathrm{m}^2$	$H_{Na} = -0,550$
$C_{heat,ag} = 4,18 \ \mathrm{J/gK}$	$H_{OH} = 0,941$
$C_{heat,r} = 4,18 \ \mathrm{J/gK}$	$m_{CaCO_3} = 100 \ \mathrm{gm}$
$E_{a_1} = 55000 \ \mathrm{J/mol}$	$m_{MgCl_2} = 100 \ \mathrm{gm}$
$E_{a_2} = 220000 \ \mathrm{J/mol}$	$m_{NaCl} = 500 \ \mathrm{gm}$
$(k_l a)_0 = 38 \ \mathrm{h}^{-1}$	$M_{Ca} = 40 \ \mathrm{g/mol}$
$K_s = 1,03 \ \mathrm{g/l}$	$M_{CaCO_3} = 90 \ \mathrm{g/mol}$
$K_{s_1} = 1,68 \ \mathrm{g/l}$	$M_{cl} = 35,5 \ \mathrm{g/mol}$
$K_T = 3,6 \times 10^5 \ \mathrm{J/hm^2K}$	$M_{CO_3} = 60 \ \mathrm{g/mol}$
$R = 8,31 \ \mathrm{J/molK}$	$Y_{O_2} = 0,97 \ \mathrm{mg/mg}$
$R_{SP} = 0,435$	$\Delta H_r = 518 \ \mathrm{kJ/mol} \ O_2$
$R_{SX} = 0,607$	$\mu_{O_2} = 0,5 \ \mathrm{h}^{-1}$
$H_{Ca} = -0,303$	$\mu_P = 1,79 \ \mathrm{h}^{-1}$
$H_{Cl} = 0,844$	$\rho_{ag} = 1000 \ \mathrm{g/l}$
$H_{CO_3} = 0,485$	$\rho_r 1080 \ \mathrm{g/l}$

9.4 Sistemas de controle

Um processo é um conjunto de mudanças que ocorrem em uma entrada com o fim de transformá-la em uma saída específica, o que pode acontecer de forma natural ou artificial. A definição de processo está representada de forma visual na Figura 9.2.

Figura 9.2: Representação em malha aberto do sistema.

Se os processos operassem em estado estacionário, ou seja, se todas as variáveis de entrada fossem constantes, as saídas permaneceriam constantes e o sistema poderia operar sem supervisão ou controle. Entretanto, na prática essa operação é influenciada por fatores externos que alteram essas condições, logo, é necessário um sistema de controle para manter o processo em seu funcionamento ideal.

Um sistema em malha aberta é um sistema em que o sinal de saída do processo não afeta a ação do controlador, assim, as varáveis de saída não são medidas, ou, quando não há um sistema de controle para o processo, a Figura 9.2 pode representar um processo em malha aberta. No sistema em malha fechada, o sinal de saída é medido e comparado com o valor desejado, o *setpoint* do sistema. O erro gerado por essa comparação age no controlador para corrigir o valor de saída e trazê-lo para o *setpoint*. A Figura 9.3 representa um sistema em malha fechada.

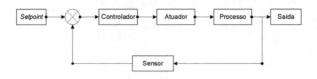

Figura 9.3: Sistema de controle em malha fechada.

9.5 Controladores

Dentre os controladores mais utilizados na indústria, podem-se citar os controles do tipo SISO (*Single-In Single-Out*), ou seja, uma entrada e uma saída,

Controle de processo

sendo os mais comuns: controlador liga-desliga (*on-off*); controlador proporcional (P); controlador proporcional-integral (PI); e controlador proporcional-tntegral-derivativo (PID).

9.5.1 Controlador liga-desliga (*on-off*)

O controlador *on-off* é um controlador de funcionamento simples. Seu elemento de atuação possui duas funções: liga e desliga. Quando o erro do sistema é maior que 0, o atuador age de uma forma; quando é menor que zero, o atuador age de outra. Dessa forma, U(t) pode ser descrito da seguinte forma: $U_1(t)$ para $e(t) > 0$ e $U_2(t)$, para $e(t) < 0$.

9.5.2 Controlador proporcional (P)

O controlador proporcional, Equação (9.13), gera uma resposta $U(t)$ proporcional ao erro $e(t)$; quanto maior for o valor do ganho proporcional (Kc), maior será a sensibilidade do sinal de atuação aos erros.

$$U(t) = K_p e(t) \tag{9.13}$$

O controlador proporcional geralmente não atinge o valor de *setpoint*, tendo uma pequena diferença chamada de *offset*. Em processos mais simples, como controle de volume de um tanque, essa diferença é pouco significativa.

9.5.3 Controlador proporcional-integral (PI)

O controlador proporcional-integral é um sistema de controle que possui um termo proporcional ao erro e outro integral. A resposta para esse controlador é dada pela Equação (9.14), em que K_p representa o ganho proporcional e T_{ia} a taxa de restabelecimento.

$$U(t) = K_p e(t) + \frac{K_p}{T_i} \int_0^t e(t)dt \tag{9.14}$$

A taxa de restabelecimento é o número de vezes por minuto em que o ganho proporcional é duplicado. O termo integral adicionado ao controlador corrige o *offset* que o controlador proporcional apresenta, o que gera uma resposta lenta e um sinal de correção oscilatório, podendo dificultar a estabilização do processo no *setpoint*.

9.5.4 Controlador proporcional-integral-derivativo (PID)

A adição do termo derivativo no controlador PI gera o controlador PID, Equação (9.15). A ação derivativa diminui a oscilação do sistema e acelera a ação do controlador.

$$U(t) = K_p e(t) + \frac{K_p}{T_i} \int_0^t e(t)dt + K_p T_d \frac{de(t)}{dt} \tag{9.15}$$

O termo T_d é chamado de tempo derivativo, e significa o intervalo de tempo em que a ação do termo derivativo avança o controlador.

9.6 Controle LQR

O controlador LQR (*Linear-Quadratic Regulator*) é uma estratégia de controle para sistemas lineares que proporciona estabilidade e um controle ótimo. O sinal de controle é obtido resolvendo-se a equação de Ricatti para matrizes de desempenho e custo **Q** e **R** definidas positivas. A obtenção do ganho de controle pela equação de Ricatti garante a minimização de um índice de desempenho quadrático.

A Figura 9.4 apresenta o diagrama de blocos de um sistema de com controle por realimentação de estados.

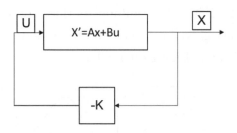

Figura 9.4: Sistema por realimentação de estados.

9.6.1 Aplicação

Para aplicar o sistema de controle LQR é necessário que o sistema esteja representado na forma de equações de estado, conforme Equação (9.16).

$$\dot{\mathbf{X}} = \mathbf{AX} + \mathbf{BU} \tag{9.16}$$

O controle por realimentação de estados **U** do sistema da Equação (9.16) é dada pela Equação (9.17):

$$\mathbf{U} = -\mathbf{R}^{-1}\mathbf{BPX} = -\mathbf{KX} \tag{9.17}$$

O índice de desempenho J a ser minimizado é representado pela Equação (9.18):

$$J = \int_0^\infty \left(\mathbf{X}^T\mathbf{Q}\mathbf{X} + \mathbf{U}^T\mathbf{R}\mathbf{U}\right) dt \tag{9.18}$$

em que J representa o índice de desempenho do controlador.

A matriz **P** da Equação (9.17) pode ser obtida resolvendo-se a equação de Riccati:

$$\mathbf{PA} + \mathbf{P}^T\mathbf{P} - \mathbf{PBR}^{-1}\mathbf{B}^T\mathbf{P} + \mathbf{Q} = 0 \tag{9.19}$$

em que **R** e **Q** são matrizes definidas positivas.

9.6.2 Estratégias de controle para reator de malha aberta

Os sistemas em malha aberta são mais simples e mais baratos. Nesses sistemas o sinal de saída não é medido e a atuação do controle é simplificada. No caso do reator em malha aberta, para controlar a temperatura da jaqueta usa-se uma vazão constante de 20 L/h. Os resultados obtidos sobre a concentração de microrganismos, oxigênio, glicose e etanol em função do tempo no reator em malha aberta estão indicados nas Figuras 9.5 e 9.6.

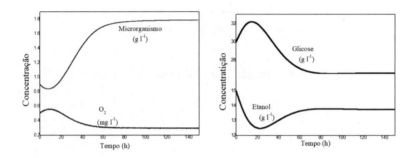

Figura 9.5: Concentrações de saída obtidas em malha de controle aberta.

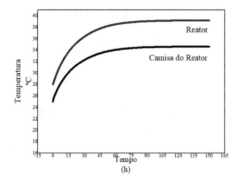

Figura 9.6: Comportamento das temperaturas do reator e da camisa refrigerada.

Pode-se notar que o fermentador levou aproximadamente 100 horas para estabilizar e manter uma saída constante de produto. Verifica-se também que o crescimento das leveduras e de álcool é proporcional ao consumo de açúcar e de oxigênio, ou seja, quanto mais leveduras e etanol estão presentes no reator, menor a quantidade de açúcar e oxigênio.

A temperatura ideal para a fermentação alcoólica do *Saccharomyces cerevisiae* é de 32 °C. A temperatura de estabilização do reator fica próxima dos 39 °C, mas a partir dos 36 °C as proteínas do *Saccharomyces cerevisiae* podem começar a desnaturar e, para se proteger, os microrganismos produzem glicerol, um subproduto indesejado. Dessa forma, pelo tempo que o sistema demora para se

Controle de processo 175

estabilizar e pela temperatura em que o sistema se estabiliza, é necessário um sistema de controle de temperatura

9.6.3 Projeto do controlador LQR

Consideremos a Equação (9.12) na forma de equações no espaço de estado:

$$\dot{\mathbf{X}} = \mathbf{A}\mathbf{X} + \mathbf{B}\mathbf{U} \qquad (9.20)$$

Sendo condição necessária que a matriz $\mathbf{A}$ seja controlável, seu critério de controlabilidade é dado pela matriz $\mathbf{M}$, Equação (9.21). Quando $\mathbf{M}$ for uma matriz quadrada de ordem igual ao número de equações diferenciais, neste caso 6, a matriz $\mathbf{A}$ é controlável.

$$\mathbf{M} = [\mathbf{B} \quad \mathbf{A}\mathbf{B} \quad \ldots \mathbf{A}^{n-1}\mathbf{B}] \qquad (9.21)$$

Considerando a introdução de um sinal de controle $U(t)$ na Equação (9.12), o controle do sistema pela temperatura do reator pode ser representado na seguinte forma:

$$
\begin{aligned}
\frac{d(C_x)}{dt} &= \mu_x C_x \frac{C_s}{K_s + C_s} e^{-K_p C_p} - \frac{F_e}{V} C_x \qquad (9.22) \\
\frac{d(C_s)}{dt} &= \frac{1}{R_{SX}} \mu_x C_x \frac{C_s}{K_s + C_s} e^{-K_p C_p} - \frac{1}{R_{Sp}} \mu_P C_x \frac{C_s}{K_{S1} + C_s} e^{-K_{p1} C_p} \\
&\quad + \frac{F_i}{V} C_{S,in} - \frac{F_e}{V} C_s \\
\frac{d(C_{O_2})}{dt} &= k_{ia} \left(C_{O_2}^* - C_{O_2} \right) - r_{O_2} \\
\frac{d(T_r)}{dt} &= \frac{F_i}{V} (T_{in} + 273) - \frac{F_e}{V} (T_r + 273) + \frac{r_{o_2} \Delta H_r}{32 \rho_r C_{heat,r}} - \frac{K_T A_T (T_r - T_{ag})}{V \rho_r C_{heat,r}} \\
\frac{d(T_{ag})}{dt} &= \frac{F_a q}{V_j} (T_{in,ag} - T_{ag}) + \frac{K_T A_T (T_r - T_{ag})}{V_j \rho_{ag} C_{heat,ag}} + U(t)
\end{aligned}
$$

em que $U(t)$ representa o sinal de controle.

Considerando que o controle de temperatura seja o objetivo principal, pode-se simplificar o sistema com controle da Equação (9.22) para apenas as equações do balanço de energia, por elas serem as mais influentes na temperatura do reator.

$$
\begin{bmatrix} \dot{T}_r \\ \dot{T}_{ag} \end{bmatrix} = \begin{bmatrix} -\frac{F_e}{V} - \frac{K_T A_T}{V \rho_r C_{heat,r}} & \frac{K_T A_T}{V \rho_r C_{heat,r}} \\ \frac{K_T A_T}{V_j \rho_{ag} C_{heat,ag}} & -\frac{K_T A_T}{V_j \rho_{ag} C_{heat,ag}} \end{bmatrix} \begin{bmatrix} T_r \\ T_{ag} \end{bmatrix} + \qquad (9.23)
$$

$$
+ \begin{bmatrix} 0 \\ \frac{T_{inag} - T_{ag}}{V_j} \end{bmatrix} \mathbf{U}
$$

Assim, as matrizes $\mathbf{A}$, $\mathbf{B}$, $\mathbf{X}$ e $\mathbf{M}$ se tornam:

$$
\mathbf{A} = \begin{bmatrix} -\frac{F_e}{V} - \frac{K_T A_T}{V \rho_r C_{heat,r}} & \frac{K_T A_T}{V \rho_r C_{heat,r}} \\ \frac{K_T A_T}{V_j \rho_{ag} C_{heat,ag}} & -\frac{K_T A_T}{V_j \rho_{ag} C_{heat,ag}} \end{bmatrix} \qquad (9.24)
$$

$$
\mathbf{B} = \begin{bmatrix} 0 \\ \frac{T_{inag} - T_{ag}}{V_j} \end{bmatrix} \qquad (9.25)
$$

$$
\mathbf{X} = \begin{bmatrix} T_r \\ T_{ag} \end{bmatrix} \qquad (9.26)
$$

e

$$
\mathbf{M} = [\mathbf{BAB}] \qquad (9.27)
$$

Considerando a linearização em torno das condições iniciais obtém-se:

$$
\mathbf{A} = \begin{bmatrix} -0,130745 & 0,079745 \\ 1,722 & -1,7225 \end{bmatrix} \qquad (9.28)
$$

$$
\mathbf{A} = \begin{bmatrix} 0 \\ 0,2 \end{bmatrix} \qquad (9.29)
$$

e define-se:

$$
\mathbf{Q} = 10^6 \begin{bmatrix} 91,7 & 0,35 \\ 0,35 & 0,0014 \end{bmatrix} \qquad (9.30)
$$

$$
\mathbf{R} = \begin{bmatrix} 1 \end{bmatrix} \qquad (9.31)
$$

Resolvendo-se a equação de Riccati, Equação (9.19), obtém-se o ganho de controle $\mathbf{K}$:

$$\mathbf{K} = [-673071,309 \quad -2736,7135] \tag{9.32}$$

Assim, o sinal de realimentação de estados é o valor da vazão de água na jaqueta de resfriamento (F_{ag}), descrita pela Equação (9.33):

$$F_{ag} = U(t) = 673071,309(T_r - T_r^*) + 2736,7135(T_{ag} - T_{ag}^*) \tag{9.33}$$

em que T_r^* é o *setpoint* da temperatura do reator e vale 32 °C e T_{ag}^o é o *setpoint* da temperatura da jaqueta de fermentação e vale 24 °C. O valor do *setpoint* da jaqueta foi definido de forma arbitrária. Na Figura 9.7 são apresentadas as variações nas concentrações de microrganismo e de açúcar.

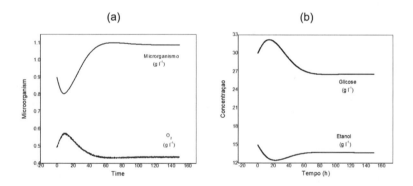

Figura 9.7: Concentrações de saída obtidas em malha de controle fechada.

Pode-se notar que o comportamento de consumo de oxigênio e açúcar permanece o mesmo em relação ao crescimento de leveduras e ao aumento na quantidade de produtos. Mesmo que a quantidade de etanol produzida com o sistema em malha fechada seja menor que no modelo com sistema em malha aberta, pode-se afirmar que a produção de etanol em 32 °C é a desejada.

As Figuras 9.8 relacionam respectivamente a temperatura do reator e a temperatura da jaqueta à vazão do líquido refrigerante na jaqueta. Como pode se observar, no início, quando o reator precisa esquentar, a vazão de fluido refrigerante é zero, em seguida ela cresce para resfriar o fermentador.

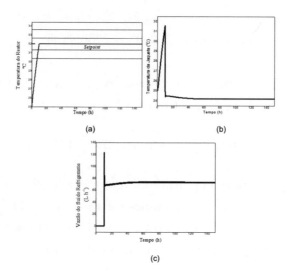

Figura 9.8: Concentrações de saída obtidas em malha de controle fechada.

Capítulo 10

Controle robusto H_∞ e *polynomial chaos*

10.1 Introdução

Neste capítulo, apresentamos uma introdução aos conceitos matemáticos fundamentais de controle robusto H_∞ e às aplicações de *polynomial chaos* na análise de robustez de sistemas dinâmicos. O foco do capítulo está em apresentar didaticamente os conceitos mais básicos, de forma clara, servindo como complemento para textos mais completos com foco no projeto, que é eminentemente computacional. Diversos excelentes textos introdutórios estão disponíveis na literatura, mas na maioria deles há uma preponderante preocupação com o formalismo matemático, às vezes sem muita clareza na apresentação dos conceitos. Da mesma forma, o projeto de controle robusto é feito quase que completamente por meio de programas especializados, como o MATLAB, e existem excelentes textos com este foco. Este capítulo então deve ser lido como coadjuvante a um desses textos, na tentativa de deixar mais claros estes conceitos.

No controle clássico, dado o modelo matemático da planta (considerada linear e invariante no tempo, ou LIT), que é a função de transferência $G(s)$, o objetivo é projetar um controlador $H(s)$ de maneira que o sistema em malha fechada (MF), conforme apresentado na Figura 10.1, seja estável e atenda às especificações de desempenho, normalmente dadas sobre o erro teórico de seguimento de referência $E_t(s) = R(s) - Y(s)$.

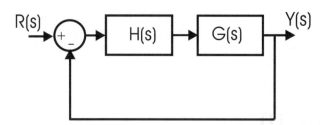

Figura 10.1: Diagrama de blocos de um sistema de controle

O modelo da planta, levantado nos processos de *modelagem* ou *identificação de sistemas*, é usado explícita ou implicitamente no projeto do controlador por técnicas essencialmente gráficas. Entretanto, para um correto funcionamento do sistema na prática, é necessário que ele tenha *robustez*, um conceito que normalmente não é abordado nos cursos introdutórios. Também nos cursos de controle clássico, esse conceito é pouco tratado, sendo mencionado como um requisito a ser imposto nas *margens de ganho e de fase*.

Robustez significa, de maneira geral, *capacidade do sistema de manter o seu funcionamento adequado em ambiente adverso*. No contexto de controle robusto, entretanto, uma definição mais precisa é necessária. Definem-se então dois conceitos de robustez relacionados: *robustez de estabilidade*, que significa a capacidade do sistema de manter a estabilidade mediante incertezas no modelo da planta, e *robustez de desempenho*, que significa a capacidade do sistema de manter o mesmo desempenho mediante incertezas no modelo da planta. Essas incertezas podem advir de diversas fontes, como uma modelagem imperfeita (ou seja, há considerável incerteza no modelo da planta utilizado para o projeto), um processo de *linearização* (em que os termos de grau maior na série de Taylor do modelo são desprezados) ou uma variação no tempo (ou seja, o modelo matemático depende explicitamente do tempo).

Controle robusto vem se desenvolvendo ao longo das últimas décadas e atualmente já abarca uma ampla gama de classes de sistemas, dos lineares mais simples até os não lineares e estocásticos. A teoria que será apresentada aqui, que está bem desenvolvida e consolidada, é a teoria de controle H_∞ (H infinito), em que se assume que o sistema a ser controlado é linear e invariante no tempo (com exceção das incertezas). Há várias vantagens que podem ser citadas sobre essa teoria se compararmos com o controle clássico, dentre elas: 1) formalização precisa do conceito de robustez; 2) funciona tanto para sistemas com uma entrada e uma

Controle robusto H_∞ e polynomial chaos 181

saída (SISO) como com múltiplas entradas e múltiplas saídas (MIMO); 3) para quem já conhece controle clássico, muitos conceitos são estendidos naturalmente.

Uma desvantagem da teoria H_∞ é que sua extensão para sistemas não lineares, da forma como está hoje, é difícil de ser utilizada. Uma técnica de análise de robustez que funciona também para sistemas não lineares e vem ganhando notoriedade nos últimos anos é a do *polynomial chaos*, que, apesar de ser de natureza estocástica, pode ser implementada computacionalmente. Diferentemente da técnica de Monte Carlo, que consiste somente de amostragem e simulação, o *polynomial chaos* apresenta uma versão *intrusiva*, que implica construir outro sistema a partir do que está sendo simulado, com a amostragem relegada somente para o final do processo com o intuito de obter alguns parâmetros estatísticos, e outra versão *não intrusiva*, que necessita de amostragem, mas em menor quantidade que o Monte Carlo.

Finalmente, já estão em desenvolvimento técnicas de projeto de controladores a partir do *polynomial chaos*, mas que não serão apresentadas aqui por falta de espaço. Então, a parte inicial do capítulo se propõe a apresentar os conceitos básicos de controle robusto H_∞ e a parte final aborda a teoria básica do *polynomial chaos*.

10.2 Diagrama de blocos e sinais

Todo sistema de controle LIT em MF pode ser representado por um diagrama de blocos, como na Figura 10.2. O modelo da planta é representado pela matriz de funções de transferência $G(s)$, o controlador é representado por $H(s)$ e $F(s)$ normalmente representa a dinâmica dos sensores. $Y(s)$ é a transformada de Laplace dos vetores (sinais) de saída (ou variáveis controladas), que são medidos pelos sensores, $D(s)$ é o vetor de distúrbios, $E(s)$ é o vetor de erros, $R(s)$ é o vetor de referência e $N(s)$ é o vetor de ruído e erros de medida.

A entrada de $G(s)$ normalmente é representada por $U(s)$ e conhecida como *vetor de controle*. O vetor de sinais de distúrbios $D(s)$ representa todo sinal externo ao sistema (ambiental) que afeta o seu funcionamento, mas que não pode ser modificado (porém é possível medi-lo). O modelo da planta $G(s)$ já inclui os modelos dos atuadores e, frequentemente, também o modelo dos sensores, sendo que nesse último caso podemos assumir $F(s) = I$ (matriz identidade).

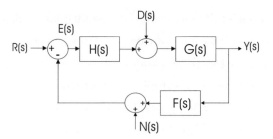

Figura 10.2: Diagrama de blocos normalmente usado em controle robusto.

A tarefa clássica do controlador $H(s)$ é calcular, em tempo real e durante o funcionamento do sistema, um sinal de controle $U(s)$ que estabilize o sistema em MF, para qualquer que seja o seu estado inicial, além de fazer com que o sinal de saída $Y(s)$ siga "de perto"o sinal de referência $R(s)$, segundo algum critério de desempenho. A tarefa do projetista de controle é chegar a um controlador $H(s)$ que atenda a esses requisitos e, para tanto, informações sobre $G(s)$ são implicitamente utilizadas durante o projeto, embutidas na técnica utilizada. Podemos dizer então que $H(s)$ utiliza a leitura dos sensores $Y(s)$, bem como informações sobre o modelo $G(s)$ que estão armazenadas nele, em certo sentido.

As técnicas clássicas de projeto normalmente envolvem impor posições aos polos e zeros (lugar geométrico das raízes) ou formatos específicos dos diagramas de Bode da *função de transferência em malha aberta* $L(s) = G(s)H(s)$ (métodos de resposta em frequência). As técnicas de projeto de controle robusto generalizam a ideia do projeto clássico por resposta em frequência, de modo que conceitos como diagramas de Bode e de Nyquist devem ser apropriadamente generalizados, inclusive para sistemas MIMO (daqui por diante, para facilitar a notação, poderemos omitir, nas funções de transferência, o argumento (s)). É comum, entretanto, que além de técnicas robustas que usem $L(j\omega)$ (os chamados métodos *loop-shaping*) outras funções de transferência sejam usadas, como S e T, que serão definidas a seguir.

Considerando $F \equiv 1$, tem-se que a saída pode ser relacionada com a entrada conforme a Equação (10.1):

$$Y = \underbrace{\frac{GH}{1+GH}}_{T} R + \underbrace{\frac{1}{1+GH}}_{S} GD - \underbrace{\frac{GH}{1+GH}}_{T} N \qquad (10.1)$$

em que S é a chamada *função sensibilidade* e T é a *função sensibilidade complementar* (também conhecida como função de transferência de MF). De fato, ambas as funções são de malha fechada (FTMF) e $S + T = 1$. Podemos ainda escrever que $S = 1/(1 + L)$ e $T = L/(1 + L)$.

Outra relação importante, semelhante a essa, relaciona o *erro teórico* $E_t = Y - R$ (ou seja, o erro não afetado pelo ruido N) com as mesmas entradas, o que resulta em:

$$E_t = -SR + SGD - TN \qquad (10.2)$$

Normalmente, o que se deseja é que esse erro seja o menor possível em todas as faixas de frequência. Como R e D normalmente possuem maior amplitude nas baixas frequências, é desejável que S atenue bastante nessa faixa, inclusive para compensar altos ganhos que G possa ter. Por outro lado, N costuma ter maior amplitude nas altas frequências, o que torna desejável que T atenue nessa outra faixa. Felizmente, é o que acontece por conta de $S + T = 1$.

Outra importante relação é:

$$U = -HS(R - GD - N) \qquad (10.3)$$

que relaciona o sinal de controle U com os sinais de entrada. O que se nota é o papel importante de HS, que é outra FTMF. As três FTMF, ou seja, S, T e HS, são importantes para se analisar e projetar o sistema de controle. O formato da resposta em frequência para essas três FTMF (tanto SISO, por meio do diagrama de Bode de módulo, quanto MIMO, por meio dos *valores singulares*) é usado para especificar o desempenho que o sistema terá. Em particular, um importante parâmetro de uma FTMF é a chamada *norma H_∞*, representada por $\|S\|_\infty$, que será definida mais adiante e é de onde vem o nome da teoria aqui exposta.

10.2.1 Robustez

Quando se utiliza a teoria de controle robusto, supõe-se que o modelo da planta possui incertezas de alguma natureza, e que caracterizaremos a planta não como uma (matriz de) função de transferência única, mas como uma família contínua e bem delimitada dessas funções. As incertezas no modelo normalmente são:

1. **Incertezas paramétricas**: alguns ou todos os parâmetros das funções de transferência possuem incertezas na forma de um intervalo de valores possíveis.

2. **Dinâmica não modelada**: neste caso, as incertezas se apresentam na própria estrutura das funções de transferência, como polos e zeros desconhecidos e até mesmo atrasos de transporte.

Desse modo, para cada combinação possível de valores das incertezas, teremos um membro da família de plantas. Podemos ainda incluir as não linearidades como incertezas desde que estas possam ser colocadas na forma de não linearidades estáticas delimitadas em um setor, como acontece com o *problema da estabilidade absoluta* ou *problema de Lurie*. A definição matemática precisa será dada mais adiante, mas já podemos atualizar o conceito de *robustez de estabilidade*, que é portanto a capacidade do sistema de controle de manter a estabilidade em MF para toda a família de plantas, e *robustez de desempenho*, que é a capacidade do sistema de manter o mesmo desempenho para toda a família de plantas.

A robustez é uma propriedade do sistema em MF, mas quem obviamente confere esta característica é o controlador por realimentação projetado. Da mesma forma que este reduz a influência de $D(s)$ na Equação (10.1) (pois o denominador $1+GH$ será maior que 1), ele reduz a influência de um termo de incerteza somado à planta, ou seja, $G + \Delta G$, como é demonstrado em Cruz (1996).

Por fim, é importante deixar claro que a teoria de controle robusto não precisa ser necessariamente utilizada quando se deseja que um sistema de controle tenha robustez. De fato, robustez é uma propriedade desejada e obtida em sistemas de controle muito antes do desenvolvimento dessa teoria. Sistemas de controle mais antigos, projetados com a metodologia clássica, já eram dotados de robustez pelos seus projetistas (de fato, dificilmente um sistema que não tenha um mínimo de robustez vai funcionar na prática, pois sempre haverá incertezas, não linearidades e variações no tempo em uma planta).

10.3 Sistema nominal

A *família de plantas* representa todas as possibilidades de modelos que uma planta pode ter durante a sua operação. Ela pode ser uma planta qualquer dentro

Controle robusto H_∞ e polynomial chaos 185

desta família por um determinado espaço de tempo (inclusive o tempo todo). Entretanto, uma das plantas dessa família é especial, pois será utilizada para a maior parte dos cálculos de projeto, que é a chamada *planta nominal*. No caso de incertezas paramétricas, esta é a planta obtida usando-se o valor médio de todos os parâmetros.

10.3.1 Estabilidade interna

Para verificar a estabilidade de um sistema de controle em MF, utiliza-se o chamado *critério de estabilidade de Nyquist*, que consiste inicialmente em traçar o diagrama polar da função de transferência em malha aberta $L(s) = G(s)H(s)$. Se P representa o número de polos de $L(s)$ no semiplano direito, N é o número de voltas que o gráfico de Nyquist de $L(s)$ dá em torno do ponto -1 no sentido horário, e Z é o número de polos de MF no semiplano direito, então tem-se que $Z = N + P$. No caso de $L(s)$ ser uma matriz de funções de transferência, as seguintes modificações devem ser feitas: 1) o percurso de Nyquist se mantém igual; 2) deve-se traçar o correspondente gráfico polar de Nyquist para a função $\det(I + L(s))$; 3) N é o número de voltas em torno da origem.

O gráfico de Nyquist, entretanto, depende somente dos polos de $L(s)$, isto é, dos chamados *modos naturais* que são *controláveis* e *observáveis*. Aqueles que são não controláveis e/ou não observáveis simplesmente cancelam com zeros e não aparecem em $L(s)$, logo, o gráfico de Nyquist independe deles. Desse modo, não está garantida a estabilidade em MF se houver algum cancelamento de polo com zero interno a $G(s)$, a $H(s)$ ou entre $G(s)$ e $H(s)$. Diz-se que um sistema em MF é *internamente estável* se, para uma representação em espaço de estados do sistema, a origem do espaço de estados é assintoticamente estável o que garante a estabilidade mesmo com cancelamento de polos com zeros.

10.3.2 Desempenho

A Equação (10.2), que relaciona o erro teórico com o sinal de referência e o distúrbio, pode ser modificada para:

$$E_t = -SR + S\bar{D} - TN \tag{10.4}$$

em que $\bar{D}$ é o efeito do distúrbio na saída da planta (não afetado pelo controle). Desse modo, a função sensibilidade S relaciona o erro com referência e o erro com distúrbio.

O desempenho desejado para o sistema em MF deve ser traduzido em um formato adequado para $|S(j\omega)|$. Como foi dito, deseja-se manter $|S(j\omega)| < \epsilon_1$ abaixo de uma certa frequência ω_a, em que $\epsilon_1 > 0$ é bem pequeno, para se ter atenuação de distúrbios, bem como pequeno erro estacionário. Acima de uma frequência $\omega_b > \omega_a$, deseja-se que $|S(j\omega)| \to 1$ de modo a ter $|T(j\omega)| < \epsilon_2$, com $\epsilon_2 > 0$ bem pequeno, de modo a atenuar o ruído de medição. A estratégia consiste em impor um limite superior para S da forma $|S(j\omega)| < 1/|W_b(j\omega)|$, em que $W_b(j\omega)$ é estável e tem uma característica passa-baixas (ao se inverter essa função, torna-se um passa-altas).

É comum se escolher W_b como tendo um polo e um zero, com o polo à direita do zero (como o compensador por atraso de fase). Quanto maior for $|W_b(j\omega)|$ abaixo de ω_a, menor será o erro estacionário. Por outro lado, como $|S(j\omega)|$ tipicamente vai ter um pico de ressonância maior que 1 (vide capítulo sobre limitações de desempenho, sobretudo para sistemas de fase não mínima e instáveis), $|W_b(j\omega)|$ não pode ser tão pequeno quanto se queira acima de ω_b.

Por fim, para se ter alta fidelidade no seguimento do sinal de referência, é desejável que a *banda-passante* de S (ou seja, a frequência em que o ganho é igual a $1/\sqrt{2}$, ou -3 dB), seja alta o suficiente. Desse modo, a frequência de corte de $W_b(j\omega)$ deve ser ligeiramente maior que esse valor.

Podemos aqui fazer uma introdução informal da chamada *norma H_∞* de um sistema. Dado o diagrama de Bode de $G(j\omega)$, define-se:

$$\|G\|_\infty = \max_{\omega \in \mathbb{R}} |G(j\omega)| \tag{10.5}$$

Mais adiante, será explicado por que essa definição faz sentido. Por enquanto, podemos colocar a especificação de desempenho na forma $\|W_b S\|_\infty < 1$.

10.4 Família de plantas

Uma típica família de plantas é apresentada na Figura 10.3a. A curva vermelha representa a planta nominal. Em torno de cada ponto dessa curva pode-se traçar uma circunferência (marcada em amarelo) que representa a incerteza da planta naquela frequência. Desse modo, para a frequência ω temos uma circunferência de centro em $L(j\omega)$ e de raio igual a $|W(j\omega)L(j\omega)|$, em que $W(j\omega)$ é uma função de transferência que representa o erro máximo que pode haver na planta para ω. Tipicamente, $|W(j\omega)|$ aumenta com essa variável. Qualquer ponto dentro da circunferência pode então ser representado por $W(j\omega)\delta(j\omega)L(j\omega)$, em que $\delta(j\omega)$ é uma função de transferência com $|\delta(j\omega)| \leq 1$ conhecida como *perturbação*.

O contorno determinado pelas circunferências representa os limites da família de plantas. O erro de fase em cada frequência pode ser determinado passando duas retas partindo da origem e tangenciando as circunferências. O ângulo entre as duas retas representa o erro de fase. Quanto mais próxima a circunferência está da origem, maior tende a ser o erro de fase. Se a circunferência contém a origem, o erro de fase é de 360°. Por fim, costuma-se supor que W e δ são estáveis, o que significa dizer que P é sempre o mesmo para qualquer família de plantas (todas as plantas têm o mesmo número de polos no semiplano direito).

10.4.1 Robustez de estabilidade clássica

Classicamente, a robustez de um sistema de controle em MF pode ser avaliada mais facilmente pelos conceitos de *margem de ganho* e *margem de fase* aplicados sobre o sistema nominal. Somente para relembrar, margem de ganho é o déficit de ganho, em decibéis, na frequência em que a fase da função de transferência em malha aberta, isto é, $L(s) = G(s)H(s)$, é igual a 180°. Desse modo, se $\angle L(j\omega_{180}) = 180°$, a margem de ganho é $|L(j\omega_{180})|$ (dB). A margem de fase é igual à diferença de fase entre $\angle L(j\omega_1)$ e 180° na frequência ω_1 em que $|L(j\omega_1)|$ é igual a zero decibéis. Para que o sistema em MF seja estável, ambas devem ser positivas.

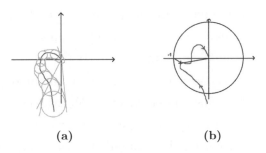

Figura 10.3: (a) Diagrama de Nyquist da família de plantas e (b) diagrama de Nyquist.

Para se ter robustez de estabilidade, alguns autores impõem faixas de valores como margem de ganho maior que $5\,\mathrm{dB}$ e margem de fase maior que $60°$. Pode-se argumentar que essas margens são suficientes, na maioria dos casos práticos, para garantir que toda a família de plantas respeite a condição de estabilidade (vide Figura 10.3a). Entretanto, uma definição mais precisa se faz necessária. Um bom argumento para abandonar essa definição pode ser visto na Figura 10.3b. Apesar de as margens de ganho e de fase serem bastante grandes neste caso, a menor distância entre o diagrama de Nyquist e o ponto $-1+j0$, pode ser bastante pequena, como é possível ver. Uma definição mais adequada envolve então essa distância. De fato, para impor que esta seja maior que um certo valor M, basta escrever:

$$\min_{\omega \in \mathbb{R}} |1 + L(j\omega)| > M \qquad (10.6)$$

Utilizando-se da definição da função sensibilidade S, pode-se ver que a condição de robustez de estabilidade da Equação (10.6) pode ser traduzida em:

$$\|S\|_\infty = \max_{\omega \in \mathbb{R}} |S(j\omega)| < \frac{1}{M} \qquad (10.7)$$

que, como veremos, é a definição de norma H_∞ da função S. Desse modo, se temos uma ideia do "tamanho" da família de plantas, podemos escolher um valor de M adequado para garantir robustez de estabilidade, mesmo não conhecendo a família de plantas.

10.4.2 Robustez de estabilidade quando há família de plantas

O modelo do sistema em MF com perturbação δ é apresentado na Figura 10.4a. Pode-se escrever a função de transferência $p/q = -WL/(1 + L) = \delta$, de modo que o sistema é simplificado para aquele apresentado na Figura 10.4b. Para que haja estabilidade em MF para qualquer δ, podemos aplicar o critério de Nyquist, em que a função de transferência de malha aberta fica $\delta(j\omega)H(j\omega)$.

Supondo que W e δ são estáveis e que o sistema nominal foi projetado de forma que fosse estável em MF (o que é uma exigência óbvia), então o número de polos de malha aberta no semiplano direito P para δH deve ser zero para qualquer δ, de modo que para se ter robustez de estabilidade, basta que $1 + \delta(j\omega)H(j\omega) \neq 0$ para qualquer δ e ω, o que é equivalente a dizer que $|1 + \delta H| > 0$. Como se tratam de números complexos, a pior situação ocorre quando $1 - |\delta H| > 0$, o que significa dizer que $|W(j\omega)T(j\omega)| < 1$ para qualquer frequência, ou seja, $|T(j\omega)| < 1/|W(j\omega)|$, que é a condição de robustez de estabilidade. Essa condição também é equivalente a $\|WT\|_\infty < 1$.

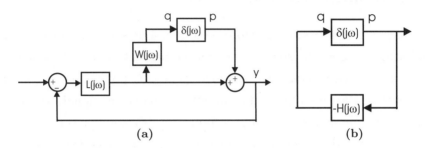

Figura 10.4: (a) Contorno e (b) diagrama de Nyquist.

10.4.3 Robustez de desempenho quando há família de plantas

Na especificação de desempenho, podemos pensar que $W_b S$ é uma função de transferência que relaciona o distúrbio ou referência com um sinal z, conhecido como *saída de desempenho*, que nada mais é que o erro filtrado por W_b, ou seja, $z = W_b S d$, Equação (10.4)). A pior classe de distúrbios que pode haver é aquela que causa uma saída y que cresce sem parar. Isso aconteceria se o distúrbio estivesse de alguma forma relacionado com o erro filtrado z. Podemos então dizer que nesta situação há uma função de transferência δ_2, com $\|\delta_2\|_\infty \leq 1$, de modo que $\bar{d} = \delta_2 z$, que daria o atraso de fase. De certa forma, isso fecha abstratamente uma segunda malha no sistema, e após algum trabalho, teríamos a seguinte equação em MF:

$$z[1 + L(1 + \delta W) + W_b \delta_2] = W_b r \qquad (10.8)$$

De modo a ter estabilidade em MF, podemos aplicar o critério de Nyquist, cuja condição necessária e suficiente seria $|1 + L(1 + \delta W) - W_b \delta_2| > 0$. A pior situação ocorre quando $|\delta| = |\delta_2| = 1$, com $1 + L$ e $W_b \delta_2 + WL\delta$ com direções opostas. Após algum trabalho algébrico, chega-se à equação:

$$|W_b(j\omega)S(j\omega)| + |W(j\omega)T(j\omega)| < 1 \qquad (10.9)$$

Desse modo, para que se tenha robustez de desempenho, é necessário e suficiente que o sistema nominal tenha o desempenho desejado, e que a robustez de estabilidade esteja garantida.

10.5 Fundamentos matemáticos

Para se construir uma base mais rigorosa em teoria de sistemas lineares, é preciso que conceitos até agora interpretados de forma mais intuitiva sejam colocados em uma base matemática. Essa base é a álgebra linear, por meio dos conceitos de espaços vetoriais (de dimensão finita e infinita) e análise funcional. Todo sinal que entra ou sai de um sistema de controle pode ser pensado como um elemento de um espaço vetorial (de dimensão infinita). Para que se possa definir o conceito de ganho de um sistema, entretanto, é necessário introduzir uma forma de atribuir uma medida a um sinal, o que é feito por meio do conceito de norma. Da mesma forma, sistemas podem ser vistos como elementos de um espaço vetorial (também de dimensão infinita) e se pode atribuir uma norma (ganho) a estes. Segue-se então nas próximas subseções a apresentação desses conceitos formais.

10.5.1 Matrizes e valores singulares

Espaço vetorial é o conceito mais básico em álgebra linear, e o leitor certamente está familiarizado com o espaço euclidiano n-dimensional $\mathbb{R}^n$, ou seja, dos vetores com n componentes. Dados dois espaços vetoriais V e U, uma *transformação linear* $L : V \to U$ mapeia cada vetor de V em um vetor de U, ou seja, $L(\mathbf{v}) = \mathbf{u}$, e ainda satisfaz a *propriedade de linearidade*, isto é, $L(a\mathbf{v}_1+b\mathbf{v}_2) = aL(\mathbf{v}_1)+bL(\mathbf{v}_2)$, em que $\mathbf{v}_1, \mathbf{v}_2 \in V$ e $a, b \in \mathbb{R}$ são escalares. Se V e U forem de dimensão finita (n e m, respectivamente), podemos achar bases para estes espaços e representar os vetores por suas coordenadas nessa base, ou seja, podemos trocar V por $\mathbb{R}^n$ e U por $\mathbb{R}^m$. Uma transformação linear $L : V \to U$ sempre terá, então, uma representação matricial, de maneira que podemos pensar em L como uma matriz $n \times m$, que é também elemento do espaço vetorial $\mathbb{R}^{n \times m}$.

- Uma transformação linear $L : \mathbb{R}^3 \to \mathbb{R}^3$ muda o comprimento, a direção e o sentido de um vetor tridimensional. Dado um vetor $\mathbf{v}$, se L não muda a sua direção, ou seja, se $L(\mathbf{v}) = \lambda\mathbf{v}$, dizemos que este é um *autovetor* de L, e λ é o correspondente *autovalor*.

- Se $\mathbf{e}_1, \mathbf{e}_2, \mathbf{e}_3$ formam uma base para $\mathbb{R}^3$, podemos montar a matriz $E = [\mathbf{e}_1\,\mathbf{e}_2\,\mathbf{e}_3]$, ou seja, a matriz quadrada de dimensão três cujas colunas são os vetores da base. Desse modo, LE representa a transformação dos três vetores da base ao mesmo tempo. Podemos pensar que E forma um paralelepípedo, e uma transformação linear qualquer pode mudar os tamanhos dos lados, os ângulos entre os lados, bem como a orientação espacial (mantendo sempre a origem, que é um dos vértices, fixa).

- Dentre as transformações lineares em $\mathbb{R}^3$, existe uma classe que mantém todos os ângulos entre os lados iguais (ou seja, noventa graus) e o comprimento dos lados iguais. De fato, o elemento i, j da matriz $E^T E = EE^T$ é o produto escalar $\mathbf{e}_i \cdot \mathbf{e}_j$, e o cubo de lado unitário corresponderia à matriz $EE^T = I$, de modo que a transformação que preserva os comprimentos e os ângulos deve ser tal que $LE(LE)^T = LEE^T L^T = LL^T = I$. Tem-se também que $\det(L) = \pm 1$.

As matrizes $L \in \mathbb{R}^{n \times n}$ tais que $L^T L = I$ são conhecidas como *matrizes ortogonais*, e aquelas tais que $\det(L) = 1$ são conhecidas como *matrizes de rotação*, que nos casos $n = 3$ representam rotações físicas do paralelepípedo. É interessante o leitor pensar no efeito causado sobre o paralelepípedo por transformações ortogonais tais que $\det(L) = -1$.

Considerando G uma matriz qualquer em $\mathbf{R}^{n \times n}$ e fazendo GE (na base ortogonal), se $\det(G) = 0$, então o conjunto de vetores transformados passa a ser linearmente dependente e não mais forma uma base. Se $\det(G) \neq 0$, os comprimentos e os ângulos mudam, mas continua sendo uma base. Para $G \in \mathbf{R}^{m \times n}$, as matrizes $G^T G$ e GG^T são simétricas. Neste caso, para autovalores distintos, tem-se que os autovetores são ortogonais. Se todos os autovalores forem positivos, diz-se que é uma matriz *definida positiva*. Se um ou mais forem nulos, então é uma matriz semidefinida positiva. Se $V = [\mathbf{v}_1, \dots \mathbf{v}_n]$ é a matriz formada por uma base de autovetores, tem-se que $G^T G V = \Lambda V$, em que $\Lambda = \mathrm{diag}(\lambda_1, \cdots, \lambda_n)$ é a matriz diagonal dos autovalores. Multiplicando à esquerda por V^T, tem-se que $V^T G^T G V = V^T \Lambda V = V^T G^T G V = V^T V \Lambda$. Como essas duas últimas matrizes são diagonais, temos que GV é ortogonal, porém os tamanhos dos vetores podem não ser unitários. Se $U = [\mathbf{u}_1, \cdots \mathbf{u}_n]$ for a matriz dos vetores ortogonais e de módulo 1 da base do espaço de chegada, então $GV = U\Sigma$, em que $\Sigma = \mathrm{diag}$

$(\sigma_1, \cdots, \sigma_n)$. Desse modo, pode-se escrever a chamada *decomposição em valores singulares*:

$$G = U\Sigma V^T \tag{10.10}$$

em que $\Sigma = \text{diag}\,(\sigma_1, \cdots, \sigma_n)$. Neste caso real, pode-se fazer uma transformação de coordenadas de forma que o elemento na diagonal principal da esquerda seja sempre maior que os seus vizinhos da direita, ou seja: $\sigma_1 \geq \cdots \geq \sigma_n$. Pode-se dizer que a base de entrada, com cada vetor sendo unitário, é transformada numa base também ortogonal em outro espaço. Como existe uma correspondência entre os vetores $\mathbf{v}_i \mapsto \mathbf{u}_i$, pode-se dizer que σ_i é o ganho na direção i. O maior valor singular é sempre o primeiro, ou seja, $\bar{\sigma} = \sigma_1$, e o menor é sempre o último, ou seja, $\underline{\sigma} = \sigma_n$

No caso de interesse para controle robusto, a matriz G será complexa e função da frequência ω, ou seja, $G(j\omega) \in \mathbb{C}^{m \times n}$. Entretanto, em vez de base ortogonal, as bases deverão ser unitárias, ou seja, $VV^\dagger = UU^\dagger = I$, em que $(\cdot)^\dagger$ representa o *conjugado hermitiano*, que é o conjugado (complexo) da matriz transposta. Os valores singulares continuam sendo números reais positivos. Desse modo, a decomposição em valores singulares fica:

$$G = U\Sigma V^\dagger \tag{10.11}$$

Para o caso de G não ser mais quadrada, a fórmula continua válida, porém as bases de entrada e saída serão diferentes, e Σ não será mais quadrada.

10.5.2 Espaços de Banach

Dado um espaço vetorial V (de dimensão finita ou não), uma norma é uma função $\|\cdot\| : V \to [0, \infty)$ que, a cada vetor $\mathbf{v} \in V$, associa um número real positivo e tal que:

- $\|\mathbf{v}\| = 0$, em que a igualdade só ocorre se $\mathbf{v} = 0$;

- $\|\alpha\mathbf{v}\| = |\alpha|\|\mathbf{v}\|$, em que $\alpha \in \mathbb{R}$;

- $\|\mathbf{v}_1 + \mathbf{v}_2\| \leq \|\mathbf{v}_1\| + \|\mathbf{v}_2\|$ para qualquer par $\mathbf{v}_1, \mathbf{v}_2 \in V$ (desigualdade triangular).

Controle robusto H_∞ e polynomial chaos

Um espaço vetorial munido de uma norma é conhecido como *espaço vetorial normado*. Exemplos de espaços vetoriais normados, de dimensão finita, são:

- o espaço euclidiano $\mathbb{R}^n$ com a norma definida por: $\|\mathbf{v}\|_2 = \sqrt{\mathbf{v}^T\mathbf{v}}$, conhecido como norma 2, ou norma euclidiana;

- o espaço euclidiano $\mathbb{R}^n$ com a norma $\|\mathbf{v}\|_p = \sqrt[p]{|v_1|^p + |v_2|^p + \cdots + |v_n|^p}$ para qualquer p inteiro positivo, ou ainda $\|\mathbf{v}\|_\infty = \max_{1 \le i \le n} |v_i|$, que é equivalente ao caso para $p \to \infty$;

- sendo $\mathbb{C}^n$ igual ao produto cartesiano de n cópias do conjunto dos números complexos (ou seja, o espaço vetorial dos vetores complexos), podemos definir $\|\mathbf{u}\|_2 = \sqrt{|u_1|^2 + |u_2|^2 + \cdots + |u_n|^2} = \sqrt{\mathbf{u}^\dagger\mathbf{u}}$, em que $|u_i| = \sqrt{\bar{u}_i u_i}$ é o módulo do número complexo e $\mathbf{u}^\dagger$ é o conjugado hermitiano;

- de forma similar, pode-se definir $\|\mathbf{u}\|_p$ para vetores complexos.

É sempre possível definir a distância d entre dois vetores em um espaço vetorial normado a partir da norma, da seguinte forma:

$$d(\mathbf{v}_1, \mathbf{v}_2) = \|\mathbf{v}_1 - \mathbf{v}_2\| \tag{10.12}$$

de maneira que todo espaço vetorial normado é um *espaço métrico*.

Dado um espaço vetorial normado $(V, \|\cdot\|)$ e uma sequência $\{\mathbf{v}_n\}$ de vetores nesse espaço, diz-se que esta é *convergente* (e converge para o limite $\mathbf{v} \in V$) se $\lim_{n\to\infty} \|\mathbf{v}_n - \mathbf{v}\| = 0$. Diz-se que uma sequência $\{\mathbf{v}_n\}$ é *de Cauchy* se $\lim_{n,m\to\infty} \|\mathbf{v}_n - \mathbf{v}_m\| = 0$. Uma sequência de Cauchy nem sempre é convergente, apesar de a distância entre os elementos sempre diminuir. É comum, em espaços de dimensão infinita, que uma sequência de Cauchy convirja para algo que não pertence ao espaço vetorial. Por isso, diz-se que um espaço vetorial normado é *completo* se toda sequência de Cauchy for convergente. A todo espaço vetorial normado completo se dá também o nome de *espaço de Banach*. Todo espaço vetorial normado de dimensão finita é de Banach.

Os espaços vetoriais de dimensão infinita, por outro lado, são mais complexos. Ao contrário dos espaços de dimensão finita, nem todo espaço vetorial de dimensão infinita possui uma base contável a partir da qual qualquer elemento pode ser obtido por um combinação linear. Os espaços V que possuem essa propriedade são chamados de *separáveis*, isto é, possuem um subconjunto B contável e *denso* em V, de modo que qualquer elemento de V está infinitesimalmente próximo de algum elemento de B.

O espaço vetorial das funções contínuas e limitadas em um intervalo limitado e fechado $[a, b]$ com a norma $\|f\| = \sup_{t \in [a,b]} |f(t)|$, isto é, $\mathcal{C}[a, b]$, é um espaço separável. De fato, qualquer função contínua em um intervalo fechado pode ser uniformemente aproximada por um polinômio de coeficientes racionais (este é o teorema da aproximação de Weierstrass). Entretanto, costuma-se trabalhar em controle robusto com outras classes de funções que, mesmo não sendo contínuas, representam mais adequadamente os sinais.

Se $T \in \mathbb{R}$ é algum subintervalo fechado dos reais, define-se o espaço vetorial $\mathcal{L}_p(T)$ das funções complexas cujo domínio é T e tal que:

$$\|f\|_p = \sqrt{\int_T |f(t)|^p dt} < \infty \tag{10.13}$$

Esse espaço vetorial é normado com norma igual a $\|f\|_p$. No caso em que $p = \infty$, esta definição é modificada para:

$$\|f\|_\infty = ess\ sup_{t \in T} |f(t)| \tag{10.14}$$

em que *ess sup* é o *supremo essencial*, que é o supremo da função com exceção de um conjunto de medida nula (este conceito será mais bem explicado mais adiante). Podemos dizer então que esse último espaço é o das funções limitadas.

Há ainda as funções/sinais com valores vetoriais, isto é, $\mathbf{f} : T \subset \mathbb{R} \to \mathbb{C}^n$, de modo que este pode ser pensado como um vetor de n funções. Neste caso, tem-se que a norma se define por:

$$\|\mathbf{f}\|_p = \sqrt{\int_T \|\mathbf{f}(t)\|_p^p dt} \tag{10.15}$$

para $1 \leq p < \infty$, em que a norma dentro do integrando é a norma de $\mathbb{C}^n$. No caso em que $p = \infty$, essa definição é modificada para:

$$\|\mathbf{f}\|_\infty = ess\ sup_{t \in T} \|\mathbf{f}(t)\|_\infty \tag{10.16}$$

Controle robusto H_∞ e polynomial chaos 195

A representação desses espaços é da forma $\mathcal{L}_p^n(T)$, em que n indica a dimensão do vetor.

As funções/sinais nesses espaços não são contínuas em geral, mas muitos sinais práticos apresentam essa propriedade. Os espaços $\mathcal{L}_p(T)$ são espaços de Banach e, para $p < \infty$, eles também são separáveis.

10.5.3 Espaços de Hilbert

Dado um espaço vetorial V, um *produto interno* é uma aplicação $\langle \cdot, \cdot \rangle : V \times V \to \mathbb{C}$ tal que:

- $\langle \mathbf{v}, \mathbf{v} \rangle \geq 0$;

- $\langle \mathbf{v}, \mathbf{v} \rangle = 0$ se e somente se $\mathbf{v} = 0$;

- $\langle \mathbf{u}, \alpha_1 \mathbf{v}_1 + \alpha_2 \mathbf{v}_2 \rangle = \alpha_1 \langle \mathbf{u}, \mathbf{v}_1 \rangle + \alpha_2 \langle \mathbf{u}, \mathbf{v}_2 \rangle$;

- $\langle \mathbf{v}, \mathbf{u} \rangle = \overline{\langle \mathbf{u}, \mathbf{v} \rangle}$.

Os espaços vetoriais munidos com um produto interno são chamados de *espaços com produto interno*, e generalizam o conceito de produto escalar. Sempre podemos definir uma norma em um espaço desse tipo, que é: $\|\mathbf{v}\| = \sqrt{\langle \mathbf{v}, \mathbf{v} \rangle}$. Diz-se que dois vetores $\mathbf{v}, \mathbf{u} \in V$ são ortogonais se $\langle \mathbf{v}, \mathbf{u} \rangle = 0$. Neste caso, vale $\|\mathbf{v} + \mathbf{u}\|^2 = \|\mathbf{v}\|^2 + \|\mathbf{u}\|^2$.

Dado um espaço vetorial V com um produto interno $\langle \cdot, \cdot \rangle$, se esse espaço for ainda um espaço de Banach (com a norma definida a partir do produto interno), diz-se que ele é um *espaço de Hilbert*.

Alguns exemplos de espaços de Hilbert são:

- o espaço vetorial de dimensão finita $\mathbb{C}^n$ com produto interno dado por: $\langle \mathbf{v}, \mathbf{u} \rangle = \bar{v}_1 u_1 + \bar{v}_2 u_2 + \cdots + \bar{v}_n u_n = \mathbf{v}^\dagger \mathbf{u}$;

- o espaço vetorial de dimensão nm das matrizes complexas $\mathbf{C}^{n \times m}$ com produto interno dado por $\langle A \, , \, B \rangle = tr(A^\dagger B)$, em que $A, B \in \mathbf{C}^{n \times m}$ e $tr(\cdots)$ é o traço de uma matriz, que consiste na somatória dos elementos da diagonal principal;

- o espaço vetorial de dimensão infinita $\mathcal{L}_2(-\infty, +\infty)$ com o produto interno dado por $\langle f, g \rangle = \sqrt{\int_{-\infty}^{\infty} \overline{f(t)} g(t) dt}$, que é também separável.

10.5.4 Espaços de sistemas: normas de sistemas

Podemos encarar uma matriz complexa como um sistema que transforma vetores de entrada em vetores de saída, mudando direção, módulo e fase. Há várias formas de definir normas de matrizes, entretanto, as que têm interesse aqui são as chamadas *normas induzidas*, pois são normas de sistemas por excelência.

Dada a norma de vetores (de entrada e saída) $\| \cdot \|_p$ como definida anteriormente, tem-se que a norma induzida da matriz G é:

$$\|G\|_p = \max_{u \neq 0} \frac{\|Gu\|_p}{\|u\|_p} = \max_{\|u\|_p = 1} \|Gu\|_p \tag{10.17}$$

ou seja, trata-se do ganho máximo que a matriz pode dar, o que ocorre para um específico vetor de entrada não nulo, que precisa ser determinado pela otimização. Essa definição também vale para matrizes complexas, com os devidos ajustes.

Para o caso específico de $p = 2$, tem-se que $\|G\|_2 = \bar{\sigma}(G)$, ou seja, a norma é igual ao valor singular máximo da matriz. Como o espaço das matrizes possui multiplicação, este é na verdade uma *álgebra associativa* (mais especificamente, uma *álgebra de Banach*). Os seguintes resultados são válidos: $\|GH\|_p \leq \|G\|_p \|H\|_p$ e $\|Gu\|_p \leq \|G\|_p \|u\|_p$.

Se considerarmos que um sistema LIT MIMO é um bloco que transforma um sinal de entrada $\mathbf{u} : T \to \mathbb{R}^m$ em um sinal de saída $\mathbf{y} : T \to \mathbb{R}^n$ (em que T é algum intervalo de $\mathbb{R}$), devemos representar esse sistema como uma *transformação linear* entre dois espaços vetoriais, ou seja, $L : \mathcal{L}_p^m(T) \to \mathcal{L}_r^n(T)$. Sabemos, da álgebra linear, que transformações lineares entre espaços de dimensão finita são representadas por matrizes, e que as matrizes de um determinado tamanho também pertencem a espaços vetoriais. Como os espaços vetoriais de sinais $\mathcal{L}_p^n(T)$ têm dimensão infinita, é razoável supor que os sistemas LIT (que são transformações lineares) também pertençam a espaços vetoriais de dimensão infinita.

De fato, sabemos que a relação entre a entrada e a saída em um sistema LIT é dada pela *convolução*:

$$\mathbf{y}(t) = \int_0^\infty G(t - \tau)\mathbf{u}(\tau)dt\tau = G \star \mathbf{u} \tag{10.18}$$

de modo que podemos pensar que a convolução de $G(t)$ (resposta ao impulso do sistema, que é uma função com valores matriciais) com o sinal de entrada $\mathbf{u}(t)$

corresponde a uma transformação linear L. Como $G(t)$ também é um sinal, o espaço dos sistemas LIT é também de dimensão infinita.

Para definir as duas normas mais importantes para controle robusto, precisamos falar dos espaços:

- $\mathcal{L}_2^{n,m}(j\mathbb{R})$: espaço de Hilbert das matrizes de funções de transferência $n \times m$, que têm produto interno:

$$\langle F, G \rangle = \frac{1}{2\pi} \int_{-\infty}^{\infty} tr(F^{\dagger}(j\omega)G(j\omega))dt\omega \qquad (10.19)$$

e cuja norma é então:

$$|F|_2 = \sqrt{\frac{1}{2\pi} \int_{-\infty}^{\infty} tr(F^{\dagger}(j\omega)F(j\omega))dt\omega} \qquad (10.20)$$

Para que esta norma seja finita, é necessário que as funções de transferência sejam estritamente próprias.

- $\mathcal{L}_{\infty}^{n,m}(j\mathbb{R})$: espaço de Banach das matrizes de funções de transferência $G(j\omega)$ com norma:

$$\|F\|_{\infty} = ess \ sup_{\omega \in \mathbb{R}} \bar{\sigma}(F(j\omega)) \qquad (10.21)$$

Para que esta norma seja finita, é necessário que as funções de transferência sejam próprias (não precisam ser estritamente próprias).

Entretanto, os sistemas nos quais que estamos interessados fazem parte de subespaços. Mais especificamente, estamos interessados nos chamados *espaços de Hardy* $\mathcal{H}_2 \subset \mathcal{L}_2^{n,m}(j\mathbb{R})$, que é o espaço das matrizes de funções de transferência estáveis, racionais e estritamente próprias, e $\mathcal{H}_{\infty} \subset \mathcal{L}_{\infty}^{n,m}(j\mathbb{R})$, que é o espaço das matrizes de funções de transferência estáveis, racionais e próprias. Ambos os espaços herdam a norma dos espaços em que estão contidos.

Pode-se mostrar que para a norma H_{∞} do sistema $F(s)$, vale:

$$\|F(j\omega)\|_{\infty} = \sup_{0 < \|\mathbf{u}\|_2 < \infty} \frac{\|\mathbf{y}\|_2}{\|\mathbf{u}\|_2} \qquad (10.22)$$

ou seja, esta norma representa o ganho máximo de energia do sinal (que ocorre para alguma direção).

10.5.5 Planta estendida

De maneira geral, podemos manipular o diagrama de blocos do sistema em MF e colocá-lo na forma apresentada na Figura 10.5, em que $K(s)$ é a matriz de funções de transferência do controlador, $\Delta(s)$ é a matriz das perturbações, que é sempre bloco-diagonal e tem $\|\Delta\|_\infty \leq 1$, e $P(s)$ é a chamada *planta estendida*.

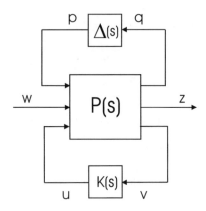

Figura 10.5: Diagrama de blocos para controle robusto.

A planta estendida deve conter, além das funções de transferência da planta, as diversas funções peso descritas anteriormente. O vetor de sinais **w** contém todos os sinais de origem externa, como referências e distúrbios. O vetor de sinais **z** contém as chamadas *saídas de desempenho*, como o erro filtrado descrito anteriormente.

O projeto conhecido como *ótimo* H_∞ consiste em determinar as funções peso de desempenho, de incerteza na planta e de penalização do controle, e incluí-las na planta estendida $P(s)$. Nesta fase, considera-se $\Delta(s) \equiv 0$ (isso não quer dizer que estamos fazendo o projeto para a planta nominal, pois o peso W das incertezas está incluído em P), de modo que a matriz de funções de transferência em malha fechada que relaciona **w** e **z** é dada pela fórmula:

$$\mathbf{z} = \underbrace{[P_{11} + P_{12}K(I + P_{22}K)^{-1}P_{21}]}_{\mathcal{F}_l(P,K)}\mathbf{w} \qquad (10.23)$$

Controle robusto H_∞ e polynomial chaos 199

em que $\mathcal{F}_l$ é conhecida como *transformação linear fracionária inferior* das matrizes P e K. Em seguida, busca-se encontrar o controlador $K(s)$ que estabiliza internamente o sistema em malha fechada com a planta estendida $P(s)$ e tal que satisfaça o problema de otimização:

$$\min_{K(s) \text{ inter. estab.}} \|\mathcal{F}_l(P, K)\|_\infty \qquad (10.24)$$

Se for encontrada a solução para este problema de otimização, teremos um controlador internamente estabilizante tal que o máximo ganho de energia entre os sinais de entrada (disturbios e referências) e o erro filtrado é minimizado. As especificações estão incluídas em W_b e as incertezas na planta em W, de modo que se espera robustez.

Por fim, é necessário checar se realmente o sistema projetado possui robustez de estabilidade e de desempenho. Isso é feito por meio da chamada *análise μ*, que usa o conceito de *valor singular estruturado*, que vale para sistemas MIMO em geral. Por falta de espaço, não apresentaremos tal ferramenta, mas recomendamos as referências. Da mesma forma, a técnica de *redução de ordem de controladores* será omitida, entretanto, pode ser muito importante quando o controlador resultante deste projeto for de ordem muito alta.

10.5.6 Problema de sensibilidade mista

O problema de otimização na Equação (10.24) é em geral impossível de se resolver. O que se faz, entretanto, é buscar um controlador subótimo. Para ilustrar o processo, vamos considerar um caso SISO, de modo que a especificação de desempenho é $\|W_b S\|_\infty < 1$, a condição de robustez de estabilidade é $\|WT\|_\infty < 1$ e, ainda, $\|W_u KS\|_\infty < 1$ limita a amplitude que o sinal de controle pode assumir pela escolha de uma penalização $W_u(j\omega)$ (quando $|W_u(j\omega)|$ é grande, a amplitude de controle é pequena naquela frequência), Equação (10.3).

Pode-se mostrar que no caso da matriz de funções de transferência:

$$\mathcal{F}_l(P, K) = \begin{bmatrix} W_p S \\ W T \\ W_u KS \end{bmatrix} \qquad (10.25)$$

tem-se que

$$\|\mathcal{F}_l(P,K)\|_\infty = \max_{\omega \in \mathbb{R}} \sqrt{|W_p S|^2 + |WT|^2 + |W_u KS|^2} \qquad (10.26)$$

de modo que se garantirmos que $\|\mathcal{F}_l(P,K)\|_\infty < 1$, teremos as especificações satisfeitas, bem como robustez de estabilidade e desempenho, além de limitar o sinal de controle.

Embora saibamos que o problema de otimização na Equação (10.24) não será resolvido, busca-se achar um controlador tal que $\|\mathcal{F}_l(P,K)\|_\infty < \gamma$, e quanto mais próximo γ for do valor 1, melhor. Nesta situação, tem-se que $|S(j\omega)| < \gamma/|W_b(\omega))|$, $|T(j\omega)| < \gamma/|W(\omega))|$ e, ainda, $|KS(j\omega)| < \gamma/|W_u(\omega))|$. Há algoritmos comerciais que buscam o subótimo de forma iterativa, com algum critério de parada. Eventualmente, após várias iterações, γ pode ficar próximo de 1, ou até menor (quem sabe até chegue próximo do ótimo), o que também satisfaz as especificações. Se o melhor valor de γ a que se chegar for muito acima de 1, há algum problema com as especificações (não podem ser atendidas) ou com a planta em si (não controlável/observável, por exemplo).

O algoritmo de Doyle busca encontrar um controlador na forma de realimentação de estados com observador, por meio da solução de duas *equações algébricas de Riccati* (ARE). Entretanto, há também a abordagem por *desigualdades matriciais lineares* (ou LMI), que é bastante popular.

10.6 Aplicações de *polynomial chaos* a controle robusto

Polynomial chaos consiste de uma ferramenta matemática bastante utilizada para análise de sistemas incertos (quantificação de incertezas). As aplicações mais comuns envolvem sistemas mecânicos com incertezas nos parâmetros. As aplicações em sistemas de controle ainda estão em seu início, e o objetivo desta seção é apresentar de uma forma introdutória os conceitos principais envolvidos nessa teoria e sua aplicação em controle robusto.

Polynomial chaos envolve a expansão de variáveis aleatórias (portanto, teoria da probabilidade) em espaços de Hilbert de dimensão infinita, podendo estas ser parâmetros, entradas ou saídas de um sistema dinâmico. Entretanto, esses espaços são um pouco mais complexos que aqueles apresentados até agora. De fato,

Controle robusto H_∞ e polynomial chaos   201

é necessário inicialmente definir *espaços mensuráveis, medidas de probabilidade* e *integral de Lebesgue.*

10.6.1   Ferramentas matemáticas básicas

O conceito de integral é fundamental para o estudo de probabilidades. A integral normalmente estudada em cursos básicos de engenharia e ciências é a chamada *integral de Riemann*, que possui certas limitações. Para o estudo proposto aqui, a definição precisa ser modificada para se tornar mais geral, por meio *da integral de Lebesgue*. Antes, porém, de apresentar essa definição, convém definir a *integral de Riemann-Stieltjes* como uma integral de uma função f com respeito a outra função g, que é representada da forma:

$$s = \int_a^b f(x)dtg(x) \tag{10.27}$$

O valor s representado na Equação (10.27) é o resultado do seguinte processo limite: dada uma partição do intervalo $a = x_0 < x_1 < \cdots x_i < x_{i+1} < \cdots x_n = b$, em que $\delta > 0$ é o comprimento da maior partição, e ainda, para todo i, tem-se que $x_i < t_i < x_{i+1}$, para cada $\epsilon > 0$ existe um $\delta > 0$ tal que:

$$\left| \sum_{i=0}^{N-1} f(t_i)[g(x_{i+1}) - g(x_i)] - s \right| < \epsilon \tag{10.28}$$

Diz-se que a função f é um *integrando*, e a função g é um *integrador*. Se a função integradora g for continuamente diferenciável, isto é, for de classe $\mathcal{C}^1$, então:

$$\int_a^b f(x)dtg(x) = \int_a^b f(x)g'(x)dtx \tag{10.29}$$

ou seja, a integral de Riemann-Stieltjes se reduz a uma integral de Riemann simples.

Dado um conjunto U, define-se uma σ-*álgebra* $\mathcal{F}$ como uma família de subconjuntos de U tais que:

1. se $A \in \mathcal{F}$, então $A/U \in \mathcal{F}$ (complemento de A em U);

2. se $A, B \in \mathcal{F}$, então $A \bigcup B \in \mathcal{F}$.

pode-se mostrar que qualquer união ou intersecção finita de subconjuntos pertencentes a $\mathcal{F}$ também pertence a esta família. Diz-se que uma dupla $(U, \mathcal{F})$ é um *espaço mensurável*. Dados dois espaços mensuráveis $(U, \mathcal{F})$ e $(V, \mathcal{G})$, diz-se que uma função $f : U \to V$ é *mensurável* se, para cada $A \in \mathcal{G}$, a imagem inversa $f^{-1}(A)$ pertence a $\mathcal{F}$.

A um espaço mensurável podem-se atribuir *medidas*, que são funções de conjunto da forma $\mu : \mathcal{F} \to \mathbb{R}$. Uma *medida positiva* é uma função de conjunto $\mu : \mathcal{F} \to \mathbb{R}^+$ tal que, para qualquer $A \in \mathcal{F}$, tem-se:

1. $\mu(A) \geq 0$;

2. $\mu(A \cup B) = \mu(A) + \mu(B)$ se $\mu(A \cap B) = \varnothing$ (medida da união de conjuntos disjuntos é aditiva).

Pode-se mostrar que o conjunto vazio tem medida nula. Existem, porém, outros subconjuntos com medida nula, mas que não são vazios (são apropriadamente chamados de *conjuntos de medida nula*).

Um espaço mensurável $(U, \mathcal{F})$ com uma medida μ é representado por $(U, \mathcal{F}, \mu)$ e chamado de *espaço de medida*. Dado o espaço $\mathbb{R}$, a medida que atribui ao intervalo (a, b) o número $b - a$ é conhecida como *medida de Lebesgue*. Essa medida pode ser estendida para $\mathbb{R}^n$ como $(b_1 - a_1)(b_2 - a_2) \cdots (b_n - a_n)$, e o espaço mensurável correspondente é conhecido como *espaço de Borel*, $(\mathbb{R}^n, \mathcal{B})$ (que inclui o caso para $n = 1$).

Dado um espaço de medida $(U, \mathcal{F}, \mu)$, uma função real positiva $f : U \to \mathbb{R}^+$ e $t \in \mathbb{R}^+$, o conjunto $S_f(t) = f^{-1}(f(x) > t) \subset U$ contém todos os pontos de U tal que $f(x) > t$. Podemos ainda definir a função real positiva monotonicamente não crescente $F(t) = \mu(S_f(t))$, de modo que a integral de Riemann:

$$\int_U f(x) dt\mu(x) = \int_0^\infty F(t) dt \tag{10.30}$$

é conhecida como *integral de Lebesgue* da função f.

A diferença entre a integral de Riemann, que se aprende normalmente em cursos de cálculo, e a integral de Lebesgue de f está no fato de a primeira envolver o limite da soma de retângulos verticais de área $f(t_i)(x_{i+1} - x_i)$ e a segunda ser a soma de retângulos horizontais empilhados de forma que preencham a área abaixo do gráfico. A integral de Lebesgue está também definida para uma classe mais ampla de funções que a de Riemann, além de possuir propriedades mais interessantes.

Controle robusto H_∞ e polynomial chaos 203

Alguns espaços de Banach definidos em espaços mensuráveis são de importância fundamental (FERNANDEZ, 2002): dado um espaço de medida $(U, \mathcal{F}, \mu)$ e um número $1 \leq p < \infty$ real, define-se $\mathcal{L}_p(U, \mathcal{F}, \mu)$ como o espaço vetorial das funções mensuráveis tais que:

$$\int |f|^p dt\mu < \infty \tag{10.31}$$

Se identificarmos todas as funções mensuráveis que forem iguais *a.e.* (isto é, iguais exceto em um conjunto de medida nula, de modo que têm a mesma integral), tem-se o espaço vetorial $L_p(U, \mathcal{F}, \mu)$ das classes de equivalência $[f]$ de funções que são iguais *a.e*, munido com a norma:

$$\|f\|_p = \left(\int |f|^p dt\mu \right)^{1/p} \tag{10.32}$$

em que f é um representante da classe de equivalência $[f]$, que é um *espaço de Banach*. Em particular, para $p = 2$, tem-se que $L_2(U, \mathcal{F}, \mu)$ é também um *espaço de Hilbert*. Neste caso, o produto interno é dado simplesmente por:

$$\langle f, g \rangle = \int fg dt\mu \tag{10.33}$$

e a norma fica igual à definida anteriormente quando for induzida por este produto interno.

10.7 Probabilidades e variáveis aleatórias

O conjunto dos resultados de um experimento é representado por Ω (que é um conjunto genérico) e qualquer resultado em particular é representado por um elemento desse conjunto, ou seja, $\omega \in \Omega$. Os eventos são subconjuntos mensuráveis de Ω, e a probabilidade atribuída a um evento deve ser tratada como uma medida, e não uma função.

Um espaço de probabilidade é um espaço de medida $(\Omega, \mathcal{F}, P)$ em que $P : \mathcal{F} \to [0, +\infty)$ é uma *medida de probabilidade*, ou seja, é sempre positiva e tal que $P(\Omega) = 1$, e $\mathcal{F}$ é a σ-álgebra dos eventos aos quais se atribui uma probabilidade. Uma *variável aleatória* é uma função mensurável $\Delta : (\Omega, \mathcal{F}, P) \to (\mathbb{R}, \mathcal{B})$ que a cada resultado do experimento associa uma quantidade numérica $\Delta(\omega)$.

O exemplo mais simples de variável aleatória é a função característica de um evento, ou seja, $\chi_A : \mathcal{F} \to [0,1]$, que vale 1 em A e zero no restante de Ω. A seguinte identidade, envolvendo integral de Lebesgue, é válida:

$$\int_\Omega \chi_A(\omega) dt P(\omega) = P(A) \tag{10.34}$$

O *valor esperado* de $g(\Delta)$, com $g : \mathbb{R} \to \mathbb{R}$ sendo uma função real qualquer, é definido como:

$$E(g(\Delta)) = \int_\Omega g(\Delta(\omega)) dt P(\omega) \tag{10.35}$$

e o espaço $L_1(\Omega, \mathcal{F}, P)$ é o das variáveis aleatórias com valor esperado finito. Duas variáveis aleatórias Δ_1, Δ_2 são *iguais* se $\Delta_1(\omega) = \Delta_2(\omega)$ para todo $\omega \in \Omega$, e são *iguais com probabilidade 1 (equivalente a a.e.)* se $\Delta_1(\omega) = \Delta_2(\omega)$ para todo ω pertencente a um conjunto A tal que $P(A) = 1$.

Dado $(\Omega, \mathcal{F}, P)$ e Δ uma variável aleatória, cada intervalo $A \in \mathbb{R}$ possui uma probabilidade induzida dada por $P(\Delta^{-1}(A))$. Em particular, os abertos $(-\infty, x)$ possuem probabilidade induzida dada por $P(\Delta^{-1}(-\infty, x))$, o que define a função $F(x) = P(\Delta^{-1}(-\infty, x))$, conhecida como *distribuição de probabilidades*. Uma função distribuição de probabilidade $F(x)$ possui as seguintes propriedades: $\lim_{x \to -\infty} F(x) = 0$, $\lim_{x \to \infty} F(x) = 1$ e $0 \le F(x) \le 1$ para qualquer $x \in \mathbb{R}$ e é sempre não decrescente (não necessita ser contínua).

Dada uma função qualquer $g : \mathbb{R} \to \mathbb{R}$ de Δ, pode-se calcular o valor esperado pela integral:

$$E[g(\Delta)] = \int_\Omega g(\Delta) dt P(\omega) = \int_{-\infty}^{\infty} g(x) dt F(x) \tag{10.36}$$

e a *variância* de Δ por:

$$\sigma^2(\Delta) = E[(\Delta - E[\Delta])^2] = E[\Delta^2] - E[\Delta]^2 \tag{10.37}$$

No caso da distribuição de probabilidade associada $F(x)$ ser diferenciável, então existe a função densidade de probabilidade $f(x)$ tal que:

$$E[g(\Delta)] = \int_{-\infty}^{\infty} g(x) f(x) x dt \tag{10.38}$$

Diz-se que dois eventos $A, B \in \mathcal{F}$ são *independentes* se $P(A \cap B) = P(A)P(B)$ sendo que essa definição se estende de forma óbvia para uma família de eventos

Controle robusto H_∞ e polynomial chaos 205

$A_1, ..., A_n$. Duas σ-álgebras $\mathcal{F}, \mathcal{G}$ são independentes se quaisquer pares de eventos A_i, B_j com $A_i \in \mathcal{F}$ e $B_j \in \mathcal{G}$ forem independentes. Dada uma variável aleatória Δ, uma σ-álgebra induzida por Δ, que é representada por $\sigma(\Delta)$, é formada pelas imagens inversas dos abertos de $(\mathbb{R}, \mathcal{B})$, ou seja:

$$\sigma(\Delta) = \{\Delta^{-1}(A) | \forall A \subset \mathcal{B}(\mathbb{R})\} \qquad (10.39)$$

A ocorrência de um evento $A \in \mathcal{F}$ traz informação sobre o resultado de um experimento. Desse modo, $\sigma(\Delta)$ retrata a informação que pode ser obtida sobre o experimento fornecida pela variável aleatória Δ. Se duas variáveis aleatórias Δ_1, Δ_2 são relacionadas por $\Delta_2 = g(\Delta_1)$, vale então que $\sigma(\Delta_1) \subset \sigma(\Delta_2)$. Isso significa que a informação fornecida por Δ_2 também é fornecida por Δ_1. Duas variáveis aleatórias Δ_1, Δ_2 são independentes se as respectivas σ-álgebras, isto é, $\sigma(\Delta_1), \sigma(\Delta_2)$, são independentes. Assim, a ocorrência de eventos independentes, ou equivalentemente a leitura de duas variáveis aleatórias independentes, sempre aumenta a informação. Dado um espaço de probabilidades $(\Omega, \mathcal{F}, P)$ e duas variáveis aleatórias independentes $\Delta_1, \Delta_2 \in L_1(\Omega, \mathcal{F}, P)$, tem-se que:

$$E(\Delta_1\Delta_2) = E(\Delta_1)(\Delta_2) \qquad (10.40)$$

O espaço de Hilbert $L_2(\Omega, \mathcal{F}, P)$ é o espaço das variáveis aleatórias com variância finita, conhecidas também como *variáveis aleatórias de segunda ordem*. O produto interno é:

$$E(\Delta_1\Delta_2) = \int_\Omega \Delta_1(\omega)\Delta_2(\omega)dtP(\omega) \qquad (10.41)$$

Em alguns experimentos, pode haver diversas variáveis aleatórias. É possível ter relacionamentos entre um conjunto de variáveis aleatórias $\Delta_1, \cdots, \Delta_n$ de independência até dependência total. Um vetor de variáveis aleatórias é uma aplicação $\Delta : (\Omega, \mathcal{F}, P) \to (\mathbb{R}^n, \mathcal{B})$ formada pelas variáveis aleatórias componentes $\Delta_1, \Delta_2, \cdots, \Delta_n$. Para cada aberto $A \in (\mathbb{R}^n, \mathcal{B})$, pode-se induzir uma probabilidade, resultando em uma *distribuição de probabilidade conjunta* $F(x_1, \cdots, x_n) = P((-\infty, x_1) \times \cdots \times (-\infty, x_n))$ tal que, se essas variáveis forem independentes, $F(x_1, x_2, \cdots, x_n) = F(x_1)F(x_2) \cdots F(x_n)$. É possível então se calcular os chamados *momentos*, utilizados em várias fórmulas importantes.

206   *Sistemas dinâmicos e mecatrônicos, vol. 1*

Por exemplo, para duas variáveis aleatórias, tem-se que:

$$E(\Delta_1\Delta_2) = \int_{-\infty}^{\infty} \int_{-\infty}^{\infty} x_1 x_2 dt F(x_1, x_2) = \int_{-\infty}^{\infty} \int_{-\infty}^{\infty} x_1 x_2 f(x_1, x_2) dt x_1 dt x_2$$

$$(10.42)$$

sendo que a igualdade do lado direito só vale se houver função densidade de probabilidade conjunta $f(x_1, x_2)$. No caso de independência, tem-se que $E(\Delta_1\Delta_2) = E(\Delta_1)E(\Delta_2)$. A *covariância* das duas variáveis (independentes ou não) é dada por $cov(\Delta_1, \Delta_2) = E\{(\Delta_1 - E(\Delta_1))(\Delta_2 - E(\Delta_2))\} = E(\Delta_1\Delta_2) - E(\Delta_1)E(\Delta_2)$. Se as variáveis aleatórias Δ_1, Δ_2 forem independentes, então $cov(\Delta_1, \Delta_2) = 0$.

10.7.1 Processos estocásticos

Os sistemas dinâmicos estudados em teoria de controle, como já foi dito, possuem vários sinais de entrada e de saída. Quando os sinais de entrada ou um ou mais parâmetros do sistema são aleatórios, a ferramenta que se utiliza para o estudo é o *processo estocástico*.

Dado um espaço de probabilidade $(\Omega, \mathcal{F}, P)$, um *processo estocástico* $\{X_t, t \in T\}$ é uma coleção de variáveis aleatórias sobre o mesmo espaço de probabilidade $(\Omega, \mathcal{F}, P)$, em que T é um conjunto de índices que normalmente representa o tempo (contável ou incontável). Desse modo, um processo estocástico pode ser escrito como uma aplicação $X : T \times \Omega \to \mathbb{R}$, ou seja, $X(t, \omega)$ é o valor da variável aleatória no instante t. Se o resultado do experimento for ω, tem-se uma particular *realização* de X, que é uma função do tempo $X_\omega(t)$. Essa função, a princípio, pode ser qualquer função mensurável em relação a T. Para um determinado $t \in T$ fixo, tem-se a variável aleatória $X_t(\omega)$. Evidentemente, a relação existente entre as diferentes variáveis aleatórias do processo (por exemplo, X_{t_1} e X_{t_2}) pode ser bastante variada, indo de dependência total a independência.

Dois processos estocásticos X_t, Y_t são *iguais* se $X_t(\omega) = Y_t(\omega)$ para todo $t \in T$ e $\omega \in \Omega$. Diz-se que eles são *versões um do outro* se $X_t(\omega) = Y_t(\omega)$ para todo ω pertencente a um conjunto A tal que $P(A) = 1$ e para todo $t \in T$. A forma de se especificar um processo estocástico completamente seria conhecer, para cada n-dupla de variáveis aleatórias $(X_{t_1}(\omega), X_{t_2}(\omega), \cdots, X_{t_n}(\omega))$, para todo valor de n, a distribuição de probabilidade conjunta $F(x_{t_1}, x_{t_2}, \cdots, x_{t_n})$. Entretanto, processos estocásticos que são versões um do outro possuem a mesma família de distribuições conjuntas, de modo que cada família determina uma infinidade de processos estocásticos.

A caracterização de um processo estocástico com relação às realizações ao longo do tempo é fundamental em aplicações. É necessário saber se as trajetórias são contínuas, absolutamente contínuas, diferenciáveis etc. Há processos, como o de Wiener (que será visto mais adiante), que podem ter versões contínuas (porém sem ser diferenciável em nenhum ponto). De fato, se existem constantes positivas α, β, D tais que:

$$E(|X_t - X_s|^\alpha) \leq D|t - s|^{(1+\beta)} \tag{10.43}$$

então existe uma versão de X com trajetórias contínuas (este é o teorema da continuidade de Kolmogorov).

Um dos processos estocásticos mais amplamente usados no estudo de sistemas dinâmicos é o *processo de Wiener* W_t, ou *caminho aleatório*, de modo que a sua derivada (num sentido generalizado) é o ruído branco. As seguintes propriedades são satisfeitas por W_t: a) $W_0 = 0$; b) os incrementos $W_t - W_s$ são variáveis aleatórias gaussianas com média zero e variância $t - s$; c) as variáveis aleatórias $W_t - W_s$ e $W_s - W_r$, em que $r < s$ e $s < t$, são independentes.

A densidade de probabilidade de primeira ordem de W_t é dada por:

$$f_W(t, w, m) = \frac{1}{\sqrt{2\pi t}} e^{-\frac{(w-m)^2}{2t}} \tag{10.44}$$

em que w representa a posição de uma partícula com ponto de partida m e passadas t unidades de tempo, de modo que uma realização de W_t representa a trajetória de uma partícula (movimento browniano). A variância para essa distribuição é t. Não é possível, entretanto, provar que W_t é diferenciável em algum ponto, de modo que a sua derivada não está definida.

Um processo estocástico pode ser expandido em uma série chamada *de Karhunen-Loeve*, que consiste em expandir um processo estocástico de tempo contínuo em uma base de funções ortogonais determinísticas. O espaço apropriado é $L^2([a, b])$ e a expansão tem propriedades semelhantes às da série de Fourier, no sentido de que minimiza certo critério de custo. Entretanto, os coeficientes da expansão são agora variáveis aleatórias, de modo que ao se truncar tal série, pode-se aproximar um processo estocástico de tempo contínuo, que possui um número incontável de variáveis aleatórias, por um conjunto finito de variáveis, o que é adequado do ponto de vista numérico.

Dado um processo estocástico de valor esperado nulo X_t, em que $t \in [a,b]$, e o espaço de Hilbert $L^2([a,b])$, o processo em questão pode ser decomposto na forma:

$$X_t = \sum_{k=1}^{\infty} a_k \phi_k(t) \tag{10.45}$$

em que $\{\phi_k(t)\}$ é uma base ortogonal de $L^2([a,b])$, e o conjunto infinito $\{a_k\}$ são variáveis aleatórias descorrelacionadas duas a duas, ou seja, $E(a_i a_j) = \delta_{ij}$. Diz-se também que se trata de uma expansão *biortogonal*, pelo fato de $E(a_i a_j)$ também ser um produto interno. A fórmula para o cálculo dos coeficientes da expansão (ou seja, das variáveis aleatórias) é análoga à da série de Fourier, ou seja:

$$a_k(\omega) = \int_a^b X(t,\omega)\phi_k(t)dtt = (X_t|\phi_i(t)) \tag{10.46}$$

Para encontrar a base de funções ortogonais, é necessário resolver a equação de Fredholm:

$$\int_a^b R(t_1,t_2)\phi(t_2)dtt_2 = \mu\phi(t_1) \tag{10.47}$$

em que o núcleo R é a função de autocorrelação do processo X_t, de modo a encontrar as funções ortogonais (autofunções). Normalmente, tem-se a função de autocorrelação e é necessário resolver a equação integral.

O processo de Wiener pode ser representado por:

$$W_t = d_0 t + \sqrt{2}\sum_{n=1}^{\infty} d_n \left(\frac{\sin \pi n t}{\pi n}\right) \tag{10.48}$$

em que $\{d_n\}$ é uma sequência de variáveis independentes e independentemente distribuídas gaussianas do tipo $N(0,1)$.

As expansões de Karhunen-Loeve são também consideradas ótimas, uma vez que minimizam o número de variáveis aleatórias necessárias para representar o caráter aleatório do processo.

10.7.2 Sistemas diferenciais estocásticos

Conforme foi mencionado, interessa estudar neste trabalho os sistemas de equações diferenciais que, dado um espaço de probabilidades $(\Omega, \mathcal{F}, P)$, são da forma:

$$\dot{\mathbf{x}} = F(\mathbf{x}, t, \omega), \text{ com } \mathbf{x}(0) = \mathbf{x}_0 \tag{10.49}$$

em que $\mathbf{x}$ é um processo estocástico com n componentes (n coordenadas, cada uma sendo um processo estocástico com valores reais), $t \in \mathbb{R}$, $\mathbf{x}_0$ é um vetor de n variáveis aleatórias no espaço mensurável, t é o tempo e $\omega \in \Omega$. A solução desse sistema é um *processo estocástico* $\mathbf{X}(t, \omega)$ tal que $\mathbf{X}(0, \omega) = \mathbf{x}_0(\omega)$. Alguns parâmetros desse sistema podem ser variáveis aleatórias no mesmo espaço de probabilidades $(\Omega, \mathcal{F}, P)$, enquanto outros podem ser processos estocásticos.

Estamos interessados em sistemas da forma:

$$\dot{\mathbf{X}}_t(\omega) = \mathbf{A}(\mathbf{X}_t, t, \omega) + \mathbf{B}(\mathbf{X}_t, t, \omega)\mathbf{U}_t(\omega) \tag{10.50}$$

em que $\mathbf{U}_t$ é um processo de entrada e as funções $\mathbf{A}$ e $\mathbf{B}$ podem depender de outras variáveis aleatórias além de $\mathbf{X}_t(\omega)$. Se $\mathbf{U}_t(\omega)$ for um processo estocástico no sentido estrito, ou seja, $\mathbf{U}(t, \omega) : T \times \Omega \to \mathbb{R}^m$, então a solução do sistema na Equação (10.50) pode ser encontrada resolvendo-se por métodos tradicionais para cada ω fixo. Para que haja solução e esta seja única, normalmente se exigem condições do tipo Lipschitz sobre as funções $\mathbf{A}$ e $\mathbf{B}$ e que o processo estocástico $\mathbf{U}(t, \omega)$ seja limitado e suas trajetórias sejam funções mensuráveis no tempo. Em alguns casos, entretanto, $\mathbf{U}_t$ é o ruido branco, de modo que é mais conveniente se trabalhar com uma versão generalizada da equação, que é a forma integral:

$$\mathbf{X}_t(\omega) - \mathbf{X}_0(\omega) = \int_0^t \mathbf{A}(\mathbf{X}_s, s, \omega)dts + \int_0^t \mathbf{B}(\mathbf{X}_s, s, \omega)dt\mathbf{W}_s(\omega) \tag{10.51}$$

Esse procedimento rigoroso já é feito para sistemas determinísticos com entradas limitadas e mensuráveis, pois a solução vai ser da classe das funções absolutamente contínuas que, como não são diferenciáveis em todos os pontos, não podem satisfazer uma equação diferencial ordinária, que define a derivada em todos os pontos. Normalmente, na literatura, usa-se a forma abreviada da Equação (10.51), que é:

$$dt\mathbf{X}_t(\omega) = \mathbf{A}(\mathbf{X}_t, t, \omega)dtt + \mathbf{B}(\mathbf{X}_t, t, \omega)dt\mathbf{W}_t(\omega) \tag{10.52}$$

A segunda integral (da esquerda para a direita) do sistema na Equação (10.51) apresenta algumas dificuldades, pois não se trata de uma integral de Stieltjes tradicional, já que $\mathbf{W}_s$ não é uma medida fixa em $\mathbb{R}$. Essa segunda integral é conhecida como *integral estocástica* e existem vários tipos, sendo as mais conhecidas a de *Itô* e a de *Stratonovich*. Existem métodos para encontrar soluções explícitas de sistemas desse tipo, por meio do chamado *cálculo de Itô*. Entretanto, esse método não será abordado neste trabalho.

Em alguns casos, o que se busca encontrar não é o processo estocástico propriamente dito, mas as distribuições de probabilidades associadas. Existem métodos para se encontrar essas distribuições diretamente, como a chamada *equação de Fokker-Planck*. Seja a equação diferencial estocástica:

$$\frac{dtX_t}{dtt} = F(X_t) + N \tag{10.53}$$

em que N é o ruido branco (processo estocástico generalizado). Suponha ainda que $E(W_t) = 0$ e $E(N) = \Gamma\delta(t - s)$. É possível mostrar que a equação diferencial parcial satisfeita pela distribuição de probabilidades do processo X_t é:

$$\frac{\partial F}{\partial t} = -\frac{\partial}{\partial x}\left[f(x)F\right] + \frac{\Gamma}{2}\frac{\partial^2 F}{\partial x^2} \tag{10.54}$$

em que $F = F(x, t)$ descreve a distribuição de probabilidades ao longo do tempo. Esta é conhecida como *equação de Fokker-Planck*.

Por se tratar de uma equação diferencial parcial de segunda ordem, é bastante difícil encontrar uma solução analítica. A Equação (10.53), conhecida como *equação de Langevin*, é de fácil solução usando-se a fórmula de Itô. A equação envolvendo integral de Stratonovich é igualmente fácil de se resolver, se for realizada a integral de Itô inicialmente.

10.7.3 Método do *polynomial chaos* com distribuição normal

Historicamente, foi Norbert Wiener quem mostrou que se poderia expandir um processo estocástico gaussiano com variância finita (ou seja, pertencente ao espaço $L^2(\Omega, \mathcal{F}, P)$) em uma série de Fourier-Hermite na variável aleatória, ou seja, os

Controle robusto H_∞ e polynomial chaos

elementos da base são polinômios de Hermite. Cameron e Martin mostraram que essa expansão converge no sentido L_2.

O *espaço de Wiener* $\mathcal{W}(\mathbb{R})$ é o espaço das funções contínuas $\mathcal{C}[0,1]$ e o espaço $C_0 \subset \mathcal{C}[0,1]$ é o das funções contínuas que valem zero em zero. Se dotarmos esse espaço com uma σ-álgebra de cilindros, a *medida de Wiener* ϖ é a única medida de probabilidade em $\mathcal{W}(\mathbb{R})$ tal que quando restrita a um subconjunto finito de cortes de cada cilindro, por exemplo $A_1, \cdots, A_N$, resulta em:

$$P(A_1, \cdots, A_N) = \int_{A_1} \cdots \int_{A_N} f_W(t_1, w_1) f_W(t_2 - t_1, w_1, w_2) \tag{10.55}$$
$$f_W(t_3 - t_2, w_2, w_3) \cdots f_W(t_n - t_{n-1}, w_{n-1}, w_n)$$
$$dt t w_1 dt w_2 \cdots dt w_n$$

Desse modo, o espaço de Wiener fica definido como um espaço de probabilidades (conforme explicado anteriormente) e um ponto qualquer desse espaço é uma realização do processo de Wiener. As diversas variáveis aleatórias associadas com esse espaço de probabilidades são definidas como elementos dos espaços de Banach $L_p(\mathcal{W}(\mathbb{R}))$ e representadas por $\mathsf{F}(w)$, em que $w \in \mathcal{W}(\mathbb{R})$. Para qualquer função desse espaço, vale:

$$\int_{\mathcal{W}(\mathbb{R})} |\mathsf{F}(x)|^p dt\varpi < \infty \tag{10.56}$$

Para o espaço $L_2(\mathcal{W}(\mathbb{R}))$ com a base ortogonal $\{\alpha_p(t)\}$, que é um espaço de Hilbert, é possível definir um conjunto de variáveis aleatórias ortogonais. A expansão em série de Karhunen-Loeve do processo de Wiener é definida, neste contexto, a partir das integrais de Stieltjes generalizadas:

$$\int_a^b \alpha_p(t) dt w(t) \tag{10.57}$$

em que $w \in \mathcal{W}(\mathbb{R})$. Essas integrais são variáveis aleatórias.

Os polinômios de Hermite (não normalizados), que são obtidos a partir da fórmula:

$$N_n(x) = (-1)^n e^{x^2} \frac{dt^n}{dtx^n}(e^{-x^2}), \text{ para } n \text{ inteiro positivo} \tag{10.58}$$

satisfazem a seguinte relação:

$$\int_{-\infty}^{\infty} e^{-x^2} N_m(x) N_n(x) dtx = \begin{cases} 0 & m \neq n \\ 2^n n! \sqrt{\pi} & m = n \end{cases} \tag{10.59}$$

O produto interno no espaço das funções $L_2(\mathbb{R})$ é dado pela integral na Equação (10.59), em que a função peso é $w(x) = e^{-x^2}$, então as funções $N_n(x)$ formam uma base ortogonal para este espaço. Alguns exemplos de polinômios de Hermite são:

$$N_0(x) = 1; \ N_1(x) = x; \ N_2(x) = x^2 - 1; \ N_3(x) = x^3 - 3x \tag{10.60}$$

Dada uma variável aleatória gaussiana Δ, podemos construir a partir desta o conjunto de variáveis aleatórias $\{N_n(\Delta)\}$ tal que:

$$E[N_n(\Delta) N_m(\Delta)] = \int_{-\infty}^{\infty} N_n(\Delta) N_m(\Delta) e^{-\Delta^2} dt\Delta = \begin{cases} 0 & m \neq n \\ 2^n n! \sqrt{\pi} & m = n \end{cases} \tag{10.61}$$

Portanto, trata-se de uma base ortogonal para $L^2(\Omega, \mathcal{F}, P)$.

É fácil mostrar que $E(N_0(\Delta)) = 1$ e $E(N_n(\Delta)) = 0$. Se simplesmente induzirmos a medida de probabilidade gaussiana no espaço $(\Omega, \mathcal{F}, P)$ para o $\mathbb{R}$ pela variável aleatória Δ, teremos a função densidade de probabilidade dada por:

$$\rho(x) = \frac{1}{\sqrt{2\pi}} e^{-\frac{x^2}{2}} \tag{10.62}$$

e poderemos utilizar todas as fórmulas anteriores trocando Δ por x. Neste caso, o produto interno fica modificado para:

$$E[f(x)g(x)] = \int_{-\infty}^{\infty} f(x)g(x)\rho(x) dtx \tag{10.63}$$

e, para formar uma base ortonormal, os polinômios de Hermite precisam ser normalizados da seguinte forma:

$$H_n(x) = \frac{N_n(x)}{\sqrt{n!}} \tag{10.64}$$

Há ainda fórmulas recursivas que podem ser usadas para calcular os diversos polinômios de Hermite normalizados, por exemplo:

$$\sqrt{n+1}H_{n+1}(x) - xH_n(x) + \sqrt{n}H_{n-1}(x) = 0 \qquad (10.65)$$

Desse modo, qualquer função de variável aleatória (portanto, outra variável aleatória) pode ser escrita como uma expansão em série de Fourier-Hermite:

$$f(x) = \sum_{n=0}^{\infty} f_n H_n(x) \qquad (10.66)$$

em que os coeficientes seriam calculados pela fórmula:

$$f_n = \int_{-\infty}^{\infty} f(x)H_n(x)\rho(x)dtx = E[f(x)H_n(x)] \qquad (10.67)$$

Dada uma função de variável aleatória $f(x)$, tem-se a seguinte relação entre sua variância e os coeficientes da expansão em série de Fourier-Hermite:

$$E[f^2(x)] = \sum_{n=0}^{\infty} |f_n|^2 \qquad (10.68)$$

Pode-se também definir os polinômios de Hermite de n variáveis. Entretanto, é necessário estabelecer algumas notações antes. Um *multi-índice* é uma n-dupla de números inteiros positivos $\alpha = (\alpha_1, \alpha_2, \cdots, \alpha_N)$ em que os α_i pertencem normalmente a um subconjunto finito dos inteiros positivos, incluindo o zero ou não. Isto é, α_i pertence ao conjunto $\{0, 1, 2, \cdots, m\}$ (com ou sem o zero). Dado um muti-índice $\alpha = (\alpha_1, \alpha_2, \cdots, \alpha_N)$, define-se o *módulo do multi-índice* como $|\alpha| = \alpha_1 + \alpha_2 + \cdots + \alpha_N$. Podemos então utilizar essa notação para os seguintes objetos matemáticos: o *índice de coeficiente*, dado por $a_\alpha = a_{(\alpha_1, \alpha_2, \cdots, \alpha_N)}$; os *monômios*, representados por $x^\alpha = x_1^{\alpha_1} x_2^{\alpha_2} \cdots x_N^{\alpha_N}$, em que o grau do monômio é dado por $|\alpha|$; e as *derivadas parciais*, $\partial^\alpha = \partial^{|\alpha|} / \partial x_1^{\alpha_1} \partial x_2^{\alpha_2} \cdots \partial x_N^{\alpha_N}$.

Desse modo, um *polinômio* de grau M é representado por:

$$P(x) = \sum_{|\alpha| \leq N} a_\alpha x^\alpha \qquad (10.69)$$

Um polinômio de Hermite multivariável de grau $|\alpha|$ pode ser obtido pelo produto:

$$H^\alpha(x) = \prod_{i=1}^{N} H_{\alpha_i}(x_{\alpha_i}) \qquad (10.70)$$

Para o caso dos polinômios de duas variáveis até grau 3, tem-se que os possíveis multi-índices são $(0,0)$, $(1,0)$, $(0,1)$, $(2,0)$, $(0,2)$, $(1,1)$, $(3,0)$, $(2,1)$, $(1,2)$, $(0,3)$. Os correspondentes multi-polinômios de Hermite são apresentados na Tabela 10.1.

Tabela 10.1: Polinômios de Hermite de duas variáveis até grau 3

Polinômio de Hermite	Expressão
$H^{(0,0)}$	1
$H^{(0,1)}$	x_1
$H^{(1,0)}$	x_2
$H^{(0,2)}$	$x_1^2 - 1$
$H^{(2,0)}$	$x_2^2 - 1$
$H^{(1,1)}$	$x_1 x_2$
$H^{(0,3)}$	$x_1^3 - 3x_1$
$H^{(1,2)}$	$x_1^2 x_2 - x_2$
$H^{(2,1)}$	$x_2^2 x_1 - x_1$
$H^{(3,0)}$	$x_2^3 - 3x_2$

Os polinômios de Hermite multivariáveis também poderiam ter sido obtidos a partir da *fórmula de Rodrigues*:

$$H^{\alpha}(x) = (-1)^{|\alpha|} e^{\frac{1}{2}x^T x} \frac{\partial^{\alpha}}{\partial x_1^{\alpha_1} \partial x_2^{\alpha_2} \cdots \partial x_N^{\alpha_N}} e^{-\frac{1}{2}x^T x} \tag{10.71}$$

Dados dois multi-índices α, β e os correspondentes multipolinômios de Hermite $H^{\alpha}(x)$ e $H^{\beta}(x)$, tem-se que:

1. $\int_{-\infty}^{\infty} H^{\alpha}(x) H^{\beta}(x) e^{\frac{1}{2}x^T x} dtx = 0$

2. $\int_{-\infty}^{\infty} H^{\alpha}(x) e^{\frac{1}{2}x^T x} dtx = 0$

Desse modo, o processo estocástico que é solução do sistema, quando todas as variáveis aleatórias x_i são normais com média zero e variância 1, além de independentes, fica:

$$\mathbf{x}(t; \Delta_1, \Delta_2, \cdots, \Delta_n) = a_0(t) H_0 + \sum_{i=1}^{\infty} a_i(t) H^{(i)}(\Delta_i) \tag{10.72}$$

$$+ \sum_{i=1}^{n-1} \sum_{i<j}^{n} a_{(i,j)}(t) H^{(i,j)}(\Delta_i, \Delta_j) + \cdots$$

10.7.4 Método do *polynomial chaos* com outras distribuições

Quando a distribuição de probabilidades é uniforme, a classe de polinômios ortogonais é diferente. Neste caso, a classe de polinômios ortogonais é a dos *polinômios de Legendre*, que são gerados pela fórmula:

$$L_n(x) = \frac{1}{2^n n!}\frac{dt^n}{dtx^n}(x^2 - 1)^n, \text{ para } n \text{ inteiro positivo} \tag{10.73}$$

Há ainda a possibilidade de calcular esses polinômios por meio de uma fórmula recursiva:

$$L_{n+1}(x) = \frac{2n + 1}{n + 1}xL_n(x) - \frac{n}{n + 1}L_{n-1}(x) \tag{10.74}$$

Esses polinômios satisfazem a seguinte relação:

$$\int_{-1}^{1} L_m(x)L_n(x)xdt = \left\{ \begin{array}{ll} 0 & m \neq n \\ \frac{2}{2n+1} & m = n \end{array} \right. \tag{10.75}$$

Se for definido, no espaço das funções $L_2(\mathbb{R})$, o produto interno dado pela integral na Equação (10.75), em que a função peso é $w(x) = 1$, $-1 \leq x \leq 1$, então as funções $L_n(x)$ formam uma base ortogonal para esse espaço. Alguns exemplos de polinômios de Legendre são: $L_0(x) = 1$, $L_1(x) = x$, $L_2(x) = \frac{1}{2}(3x^2 - 1)$, $L_3(x) = \frac{1}{2}(5x^3 - 3x)$, $L_4(x) = \frac{1}{8}(35x^4 - 30x^2 + 3))$.

Dada uma variável aleatória uniforme Δ, podemos construir a partir desta o conjunto de variáveis aleatórias $\{L_n(\Delta)\}$ tal que:

$$E[L_n(\Delta)L_m(\Delta)] = \int_{-1}^{1} L_n(\Delta)L_n(\Delta)dt\Delta = \left\{ \begin{array}{ll} 0 & m \neq n \\ \frac{2}{2n+1} & m = n \end{array} \right. \tag{10.76}$$

Portanto, trata-se de uma base ortogonal para $L_2(\Omega, \mathcal{F}, P)$. É fácil mostrar que $E(L_0(\Delta)) = 1$ e $E(L_n(\Delta)) = 0$. Existe também uma fórmula recursiva para calcular os diversos polinômios de Legendre:

$$L_{i+1}(x) = \frac{2i + 1}{i + 1}xL_i(x) - \frac{i}{i + 1}L_{i-1}(x) \tag{10.77}$$

Para o caso de outras medidas de probabilidade, a expansão em polinômios de Hermite não tem garantida a convergência mais rápida, e outros tipos de ba-

216   *Sistemas dinâmicos e mecatrônicos, vol. 1*

ses polinomiais deveriam ser escolhidas para recuperar esta convergência rápida. Dependendo da função medida de probabilidade, a base de polinômios deveria ser escolhida a partir da relação (conhecida como *esquema de Wiener-Askey*) mostrada na Tabela 10.2.

Tabela 10.2: Esquema de Wiener-Askey.

Distribuição de probabilidade	Tipo de polinômio
Gaussiana	polinômios de Hermite
Gama	polinômios de Laguerre
Beta	polinômios de Jacobi
Poisson	polinômios de Charlier
Binomial negativa	polinômios de Meixner
Hipergeométrica	polinômios de Hahn
Uniforme	polinômios de Legendre

10.7.5   Utilização em análise de robustez

Para a análise de robustez de sistemas dinâmicos (lineares e não lineares) com parâmetros incertos (tratados como aleatórios), tanto esses parâmetros como os estados e as saídas do sistema precisam ser expandidos na base de polinômios aleatórios, uma vez que são variáveis aleatórias e processos estocásticos. Desse modo, dado um sistema dinâmico autônomo da forma:

$$\dot{\mathbf{x}} = F(\mathbf{x}) \tag{10.78}$$

os estados (componentes do vetor de estados $\mathbf{x}$) são expressos na forma $x_i(t, \Delta) = \sum_{m=0}^{p-1} x_{i,m}(t)\phi_m(\Delta)$, em que p é o número de polinômios na expansão truncada. A seguir, mostramos as duas maneiras de calcular os coeficientes temporais dessa expansão.

Método intrusivo

O método intrusivo consiste em substituir a solução candidata na Equação 10.78. A derivada temporal dos estados, ou seja, $\dot{x}_i$, somente afetaria a parte não aleatória, ou seja: $\dot{x}_i(t, \Delta) = \sum_{m=0}^{p-1} \dot{x}_{i,m}(t)\phi_m(\Delta)$. Após a substituição na equação de estados, e utilizando as propriedades de ortogonalidade, chega-se a um conjunto de sistemas determinísticos que, quando integrados, fornecem amostras de

Controle robusto H_∞ e polynomial chaos 217

soluções (realizações dos processos estocásticos de estado e saída). Boas referências para o método intrusivo são propostos nos trabalhos de Colón et al. (2017), Smith, Monti e Ponci (2006), Xiu e Karniadakis (2002) e Fisher e Bhattacharya (2008).

Como exemplo, o caso do sistema dinâmico não linear $\dot{x} = ax^2$, após as expansões e as substituições na equação, tem-se:

$$\sum_{m=0}^{p-1} \dot{x}_m(t)\phi_m(\Delta) = \sum_{m=0}^{p-1} a_m\phi_m(\Delta) \sum_{i=0}^{p-1} x_i(t)\phi_i(\Delta) \sum_{j=0}^{p-1} x_j(t)\phi_j(\Delta) \qquad (10.79)$$

Aplicando-se a projeção, em ambos os lados, na direção de $\phi_r(\Delta)$:

$$\dot{x}_r\langle\phi_r, \phi_r\rangle = \langle \sum_{m=0}^{p-1} \dot{x}_m\phi_m, \phi_r\rangle = \sum_{m=0}^{p-1}\sum_{i=0}^{p-1}\sum_{j=0}^{p-1} a_m x_i x_j\langle\phi_m\phi_i\phi_j, \phi_r\rangle \qquad (10.80)$$

$$\dot{x}_r = \sum_{m=0}^{p-1}\sum_{i=0}^{p-1}\sum_{j=0}^{p-1} a_m x_i x_j \frac{\langle\phi_m\phi_i\phi_j, \phi_r\rangle}{\langle\phi_r, \phi_r\rangle} \qquad (10.81)$$

ou seja, onde antes havia uma equação, agora há p, uma para cada polinômio da expansão truncada. Da mesma forma, o número de parcelas do lado direito passa a ser p^3 (na verdade, é um número menor, já que o multi-índice $e_{mij,r} = \frac{\langle\phi_m\phi_i\phi_j,\phi_r\rangle}{\langle\phi_r,\phi_r\rangle}$ possui várias simetrias). Para avaliar o sistema estocástico, faria-se então a integração deste sistema determinístico, que é acoplado.

Cabem aqui algumas observações:

1. O resultado é um conjunto de equações determinísticas, que podem ser resolvidas pelos métodos numéricos tradicionais.

2. O método somente pode ser aplicado para sistemas não lineares do tipo polinomial. Para casos em que aparecem funções transcendentais, estas devem ser expressas na sua série de Taylor, a qual deve ser truncada, de modo a se ter um sistema polinomial aproximado.

3. O número de parcelas nas equações expandidas pode crescer muito rápido com o número de polinômios.

4. O método pode ser estendido para diferentes variáveis aleatórias.

5. O método pode ser generalizado para equações diferenciais parciais estocásticas.

Para o caso de sistemas dinâmicos em MF (ou seja, sistemas de controle), a entrada do sistema também vai depender das variáveis aleatórias, uma vez que diferentes realizações da saída da planta correspondem a diferentes atuações do controlador (este, em geral, não possui parâmetros aleatórios – como quando é implementado em um computador, para operar em tempo real).

Método não intrusivo

Dado que a solução aproximada (truncada) que se busca é da forma:

$$x_i(t, \Delta) = \sum_{m=0}^{p-1} x_{i,m}(t)\phi_m(\Delta) \tag{10.82}$$

para cada estado, os coeficientes $x_{i,m}(t)$ poderiam ser calculados para algumas amostras temporais $\{t_k\}$ pela fórmula:

$$x_{i,m}(t_k) = \frac{E[x_i(t_k, \Delta)\,\phi_m(\Delta)]}{E[\phi_m(\Delta)\,\phi_i(\Delta)]} \tag{10.83}$$

em que o denominador, que envolve uma integral, pode ser calculado por uma fórmula explícita (geralmente usando-se as fórmulas recursivas que geram os polinômios da base) e o numerador, que também é uma integral, precisa ser calculado numericamente por *técnicas de quadratura*.

Supondo que são n parâmetros independentes para o instante t_k, deve-se gerar uma grade de pontos no espaço $\mathbb{R}^n$ com coordenadas $(\Delta_1, \Delta_2, \cdots, \Delta_n)$, calcular a função $x_i(t_k, \Delta)$ em cada ponto por simulação do sistema dinâmico com os valores dos Δ correspondentes fixados e, então, resolver a integral do numerador. Se a distribuição de pontos da grade em $\mathbb{R}^n$ for uniforme (por exemplo, no hipercubo $[0, 1]^n$ cada dimensão tem m pontos), o número de simulações é m^n, o que fica muito custoso computacionalmente (*maldição da dimensionalidade*). Neste caso, pode-se usar o método de integração por *sparse grids*, que consiste em selecionar em $\mathbb{R}^n$ (espaço dos parâmetros) uma matriz cujo número de pontos cresce muito mais lentamente com n que o da matriz uniforme.

Capítulo 11

Métodos de otimização

11.1 Introdução

O processo de otimização consiste na utilização de algum algoritmo matemático para minimizar ou maximizar alguma propriedade do sistema desejado. Para isso, é necessário analisar e construir uma função custo-benefício (J_c) que relaciona as características do sistema e o custo associado à mudança das variáveis descritas pelo modelo matemático. Por exemplo, a qualidade de renderização de uma animação é diretamente relacionada à quantidade de processamento e armazenamento computacional disponível. Com recursos infinitos é possível aprimorar sem fim a animação, entretanto, existe uma saturação e/ou um limite para a quantidade de pixels que a íris consegue capturar. Ou seja, o uso de uma resolução maior (custo maior) não acarretará em uma qualidade melhor (benefício maior). Entretanto, com recursos finitos existe um custo associado ao processo e ao armazenamento de cada quadro dessa animação, consequentemente, o custo computacional e econômico para chegar à qualidade máxima da imagem aumenta consideravelmente.

11.2 Função de otimização

Podemos definir uma função custo genérica (J_c) de duas variáveis (B_1, B_2) que será otimizada (maximizada ou minimizada) dependendo do problema a ser estudado:

$$J_c(B_1, B_2) = a_1 B_1 + a_2 + \frac{a_3}{B_1} + \frac{a_4 B_2}{B_1} + a_5 B_2^2 B_1 \qquad (11.1)$$

em que J_c é a função custo-benefício a ser minimizada, a_n são constantes e B_1, B_2 são os valores da variáveis, nos casos de a_3, a_4 temos $B_1 \leq 0$. Quando há diversas variáveis, é necessário avaliar também a interferência entre elas (a_4, a_5). De uma forma geral, podemos dizer que a_1 expressa uma relação linear com B_1, assim, o aumento de B_1 proporciona um aumento no custo; a_2 representa um custo inerente ao sistema; a_3 expressa uma relação inversamente proporcional ao aumento de B_1; as constantes a_4 e a_5 expressam a interação entre as variáveis independentes do sistema. É importante salientar que a função da Equação (11.1) é apenas um exemplo, e que funções de custo-benefício podem ou não ter todos os termos apresentados.

Há inúmeros métodos de otimização da Equação (11.1), no entanto, neste livro exploraremos o *Particle Swarm Optimization* (PSO), que possibilita encontrar a melhor solução possível para sistemas complexos.

11.3 *Particle Swarm Optimization* (PSO)

O PSO ou método de enxame de partículas é um método de otimização em que um processo estocástico usa uma número de pontos para imitar o comportamento de enxames de animais (possíveis soluções). Para isso, a população inicial deve ser aleatória e espaçada entre os limites da otimização, pois por mais que tenhamos uma ideia de como será o comportamento da função de otimização, há uma possibilidade de o método não convergir para o máximo global e, assim, encontrarmos uma solução parecida com o máximo (máximo local). Isso impossibilita a análise, pois não é o ponto de otimização desejado.

A Figura 11.1 mostra o processo de convergência dos pontos do PSO. A Figura 11.1A ilustra que a população inicial de pontos é distribuída aleatoriamente, o x em vermelho é o ótimo global para as restrições impostas ao problema. Na primeira interação, Figura 11.1B, todas as partículas ganham uma velocidade, com base nas restrições do problema e na melhor posição da comunidade. Em vermelho, a melhor posição para aquela partícula também é a posição global (como esta é a primeira interação, as partículas não possuem nenhuma velocidade inicial e todas as partículas tendem grosseiramente para a posição em vermelho).

Na Figura 11.1C, podemos ver que todas as partículas possuem uma velocidade, pois cada partícula em vermelho deixou de ser a melhor posição global para a partícula em azul. Esse comportamento pode ser explicado pela equação a seguir, que relaciona os parâmetros das partículas.

Para determinar as posições das n partículas para o processo de otimização do PSO, é utilizada a Equação (11.2):

$$V_p^i = C_0 V_p^{i-1} + C_1 R_1 (X_{lb} - X_p) + C_2 R_2 (X_{pb} - X_p) \qquad (11.2)$$

em que V_p é a velocidade da partícula para a próxima interação, C_0 é a inércia aplicada às partículas, C_1 é o parâmetro de confiança para o melhor já visitado por essa partícula, C_2 é o parâmetro de confiança para o melhor já visitado por todas as partículas, R_1 e R_2 são fatores aleatórios adicionais para melhorar a procura, X_{lb} é a melhor posição conhecida pela partícula, X_{pb} é a melhor posição da comunidade e X_p é a atual posição da partícula.

Recomenda-se o uso de parâmetros adequados para diferentes tipos de problemas. C_0 devem ser adequados e podem ser dinâmicos para evitar velocidades altas nas interações iniciais e baixas velocidades nas interações finais. Os parâmetros C_1, C_2 indicam o grau de confiança nas informações de cada partícula e o grau de confiança na comunidade, respectivamente; altos valores de C_1 levam ao mínimo local, enquanto valores de C_2 altos levam a ignorar informações de cada partícula. R_1 e R_2 são valores aleatórios diferentes a cada interação, utilizados para redirecionar as partículas e melhorar a busca.

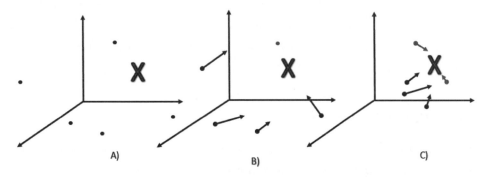

Figura 11.1: Mecanismo de otimização de enxame de partículas.

11.4 Algoritmo genético

O algoritmo genético é um método de otimização baseado na evolução das espécies de Darwin, ou seja, as características mais desejadas que contribuem para a dominação da espécie são destacadas e crescem a cada interação. De forma análoga, o algoritmo genético baseia-se em uma população inicial com características aleatórias e, a cada interação, a geração de indivíduos mais aptos sobrevive (f_s), ocorrendo a recombinação dos genes (f_r) e a mutação (f_m). O grau de adaptação é baseado na função de otimização: quanto mais próximo do objetivo, mínimo (zero) ou máximo (infinito), mais adaptado a este meio esse grupo de genes se encontra. Esse mecanismo é exemplificado na Figura 11.2.

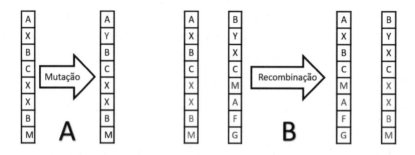

Figura 11.2: Mecanismo de otimização por algoritmo genético.

Na Figura 11.2A, ocorre a mutação do parâmetro X para Y. Essa mutação depende do tipo de parâmetro, que pode ser inteiro ou decimal, e está sujeita às restrições impostas ao problema. Com isso, os novos indivíduos são avaliados e essas três operações são repetidas a cada interação para avaliar e convergir para o valor desejado. Os parâmetros f_s, f_r, f_m são os que influenciam a forma de procurar pelo mínimo global. Recomenda-se $f_s \geq 0,05$ para não ser tendencioso a mínimos locais e $f_m \leq 0,05$ para que a busca não se torne aleatória, f_r é o valor de $1 - f_s - f_m$.

11.4.1 População inicial

O valor da população inicial adotado é geralmente $100 n_a$, em que n_a é o numero de variáveis a serem otimizadas. Entretanto, valores maiores que esse tendem a diminuir a velocidade entre as interações e valores menores que esse tendem a acelerar o processo de otimização, podendo haver regiões sem amostras. Popu-

Métodos de otimização

lações muito reduzidas tendem a ser muito rápidas para cada interação, contudo um número pequeno pode dificultar o processo por não ter indivíduos suficientes para varrer as variáveis.

11.4.2 Critérios de parada

Os critérios de parada são parâmetros adotados para que a otimização termine, tanto para PSO quanto algoritmo genético, a saber: número de interações (N_i), avanço mínimo por interação (A_m) e número máximo de interações sem avanço (S_g). N_i é o numero máximo de repetições do algoritmo, após este valor o melhor resultado é considerado como mais apto ou melhor. A_m é o valor entre as interações n e $n-1$ para que n não seja considerada uma interação sem avanço, ou seja, uma interação que possui pouca ou nenhuma melhora em seu valor em relação à interação passada; esse critério indica que o objetivo já foi alcançado ou não há um ganho significativo entre as modificações. S_g é o número de interações consecutivas em que a expressão $|J_{c(n)} - J_{c(n-1)}| < A_m$ é verdadeira.

A combinação de S_g e A_m geralmente pára a otimização, pois, na busca do objetivo, se A_m for baixo e S_g for alto, o algoritmo não tem melhoras significativas e pára por N_i. O mesmo é válido para valores altos de A_m e baixos de S_g, em que somente ganhos significativos são considerados, logo, o sistema para pois não houve avanços significativos.

11.4.3 Restrições de variáveis

As variáveis a serem otimizadas devem ser limitadas de acordo com o problema imposto. Os tipos de limitações estão geralmente relacionados à formulação da função custo-benefício, para que as variáveis não assumam valores negativos ou diferentes de zero. Outras restrições impostas, como físicas ou comerciais, são do tipo incrementos inteiros ou valores não negativos. Por exemplo, número de trabalhadores, número de assentos disponíveis numa frota de veículos, temperatura de conforto. Outro tipo de restrição aplicada é a descontínua. Esse tipo de restrição muda de forma abrupta o comportamento da função J_c. Por exemplo, um desconto aplicado após um certo valor vendido, um aumento significativo no custo energético apos uma determinada temperatura.

Exemplo

Um exemplo de aplicação de otimizadores é o modelo de quarto de carro (*quarter-car*) que a representação do problema está na Figura 11.3.

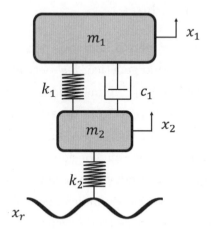

Figura 11.3: Exemplo de *quarter-car*.

Com isso, as equações diferenciais são definidas como:

$$\begin{cases} m_2\ddot{x}_2 = +k_1(x_1 - x_2) + c_1(\dot{x}_1 - \dot{x}_2) - k_2(x_2 - x_r) \\ m_1\ddot{x}_1 = -k_1(x_1 - x_2) - c_1(\dot{x}_1 - \dot{x}_2) \end{cases} \quad (11.3)$$

em que:

$$x_r = a_{mp} sin(2\pi f t) \quad (11.4)$$

O integrador será **ode45**, com um tempo de 25 s, e os parâmetros utilizados nessa simulação serão os da Tabela 11.1.

Tabela 11.1: Parâmetros da simulação

Variável	Valor adm.	Variável	Valor adm.	Variável	Valor adm.
m_1 [kg]	4×10^2	c_1 [N.s/m]	$1,3 \times 10^3$	k_1 [N/m]	2×10^4
m_2 [kg]	2×10^1	a_{mp} [m]	0,1	k_2 [N/m]	$2,5 \times 10^5$
f [Hz]	5				

Métodos de otimização

Variando os parâmetros k_1 e k_2 em relação ao seu valor absoluto, entre 0 e 2, é possível extrair o máximo dos últimos 10 s de simulação e construir o gráfico de máximos, com 200 pontos em cada direção para mostrar o plano de otimização.

Como pode ser visto na Figura 11.4, o máximo ocorre em uma região de k_1 e k_2 próximo a 2. Com isso, é possível montar uma função custo para averiguar onde o modelo matemático do *quarter-car* possui um maior deslocamento máximo, de acordo com a seguinte função:

$$F_c = \begin{cases} \frac{1}{|max(x_1)|}, se\ |max(x_1)| \neq 0 \\ 10^{10}, se\ |max(x_1)| = 0 \end{cases} \quad (11.5)$$

Caso a otimização esperada seja de várias unidades no valor de F_c, os valores de $S_g \uparrow A_m \downarrow$ poderiam ser usados, pois uma variação pequena nas variáveis causaria uma mudança significativa. Entretanto, $S_g \downarrow A_m \uparrow$ é recomendando para evitar paradas da otimização sem chegar no resultado desejado.

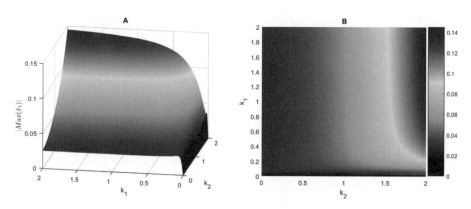

Figura 11.4: Máximas amplitudes para a variação de k_1 e c_1, em que a escala de cores representa a máxima amplitude.

Essa função é utilizada caso haja algum valor de $|max(x_1)| = 0$, o que ocorre pois a região dos limites está entre 0 e 2. Recomenda-se utilizar a minimização da função objetivo para maximar o deslocamento com as restrições de $0 < k_1 < 2$ e $0 < k_2 < 2$, a função de custo-benefício da Equação (11.5) e uma população de 200.

	Varredura	PSO	Algoritmo genético
k_1	2	2	2
k_2	2	2	2
Interações	40000	11	79
$|max(x_1)|$	0,1449	0,1449	0,1499

Capítulo 12

Sistemas mecatrônicos não lineares

12.1 Introdução

Para que seja possível analisar o comportamento dinâmico de sistemas mecatrônicos sem que haja necessidade de montagem de protótipos de alto custo, modelos matemáticos para os vários componentes do sistema a ser analisado são desenvolvidos. Comumente, para simplificação da manipulação matemática, os modelos são linearizados. Em muitos casos, os modelos lineares se aproximam muito do comportamento real do sistema modelado, mas apenas dentro de um *range* definido para as variáveis do sistema. Quando o *range* dessas variáveis aumenta, efeitos não lineares podem se tornar dominantes e o modelo linear não atende mais às necessidades das análises. Para analisar tais efeitos, um modelo não linear se mostra necessário.

Os sistemas lineares se caracterizam por satisfazer o princípio da superposição, segundo o qual a resposta produzida por duas funções diversas aplicadas simultaneamente a um dado sistema é a soma das duas respostas individuais. Em outras palavras, podemos dizer que um sistema é linear quando causa e efeito forem proporcionais.

Já os sistemas não lineares são aqueles aos quais o princípio da superposição não se aplica. A não linearidade estática é a forma mais simples de não linearidade, como pode ser visto na Equação (12.1).

$$y(t) = ax(t) + bx^3(t) \tag{12.1}$$

em que a saída é a soma de dois termos, um linear e outro não linear, sendo esta uma não linearidade cúbica

Na prática, a maior parte dos componentes de um sistema mecatrônico apresenta comportamento não linear. Essas não linearidades surgem, por exemplo, em virtude de efeitos como saturação e fricção, sendo que estes não podem ser negligenciados como normalmente são na teoria linear. Se não considerarmos o efeito de saturação do campo num modelo linear clássico, como o de um motor de corrente contínua, este pode atingir velocidade infinita, e se desconsiderarmos a zona morta, este sai da inércia com uma corrente quase nula. Portanto, quando os componentes são colocados para trabalhar dentro destas regiões, o projeto de controladores lineares normalmente já não tem mais a mesma performance.

Contudo, é um exagero dizer que a teoria de controle de sistemas lineares não é aplicável a problemas práticos de engenharia pelo fato de serem quase sempre não lineares; é importante lembrar que ela não pode simplesmente ser negligenciada.

As não linearidades podem ser classificadas em estáticas e dinâmicas. Sistemas onde há uma relação não linear entre a entrada e a saída, sem envolver uma equação diferencial, são chamados não linearidade estática. Já quando essa relação ocorre por meio de uma equação diferencial não linear, ela é classificada como uma não linearidade dinâmica.

Neste capítulo serão descritas as não linearidades mais comuns que afetam tanto sistemas mecânicos quanto eletrônicos, como zona morta, saturação, histerese, entre outras.

12.2 Saturação

A saturação é uma não linearidade muito comum e importante na modelagem de sistemas mecatrônicos, mas muitas vezes negligenciada. A saturação limita o *range* de trabalho do sistema modelado, ou seja, ela limita a saída a um valor máximo, mesmo que a entrada continue aumentando, como pode ser visto na Figura 12.1.

Um exemplo típico da saturação pode ser encontrado na curva de magnetização de um motor de corrente contínua (CC), em que o campo atinge um valor

Sistemas mecatrônicos não lineares

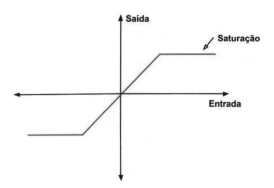

Figura 12.1: Gráfico de saturação.

máximo não importando se a corrente aplicada aumente mais. A inclusão da saturação no modelo matemático de um motor CC garante que este tenha velocidade e torque finitos. A saturação também é muito comum em amplificadores operacionais, sendo que a saída é proporcional à entrada apenas para um *range* limitado de valores da entrada; para valores fora desse *range* a saída passa a ser não linear.

Podemos escrever a saturação no modelo matemático do motor CC da seguinte forma:

$$x(t) = \frac{1 + sgn(a - |u(t)|)}{2} u(t) + \frac{1 + sgn(|u(t)| - a)}{2} a.sgn(u(t)) \qquad (12.2)$$

em que *u(t)* é o sinal de entrada, *a* é o valor da amplitude de saturação e *x(t)* representa a saída.

A Equação (12.2) pode ser representada graficamente em relação ao tempo conforme visto na Figura 12.2.

12.3 Zona morta

A zona morta é outra não linearidade que muitas vezes é negligenciada na modelagem de sistemas mecatrônicos, mas que tem um grande impacto no controle do sistema. A zona morta se refere à região onde a saída vai para zero quando um valor limite é atingido, conforme pode ser visto na Figura 12.3.

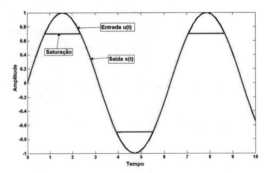

Figura 12.2: Gráfico de Saturação em relação ao tempo

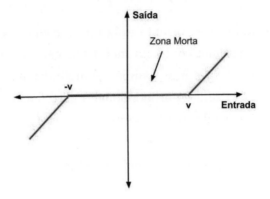

Figura 12.3: Gráfico de zona morta.

A zona morta é comumente encontrada em sistemas como motores CC, válvulas proporcionais pneumáticas, entre outros. No motor CC, isso se deve ao fato de o campo assumir um comportamento não linear nas tensões próximas a zero, tornando-se muito fraco para mover o rotor. Essa não linearidade pode ser modelada da seguinte forma:

$$x(t) = u(t) - v.sgn(u(t)) - \frac{1 + sgn(v - |u(t)|)}{2}[u(t) - v.sgn(u(t))] \qquad (12.3)$$

em que *u(t)* é o sinal de entrada, *v* é o valor que representa o limite da zona morta e *x(t)* representa a saída.

A Equação (12.3) pode ser representada graficamente em relação ao tempo, conforme visto na Figura 12.4.

Sistemas mecatrônicos não lineares

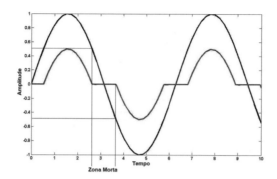

Figura 12.4: Gráfico de zona morta em relação ao tempo.

12.4 Backlash

Outra não linearidade importante que ocorre comumente nos sistemas mecatrônicos é a histerese nas caixas de redução ou transmissão mecânicas. Comumente, essa não linearidade é chamada de folga e representa o espaço entre os dentes da engrenagem motriz e da engrenagem acionada. Essa folga é necessária para lubrificação e para compensar a dilatação térmica e os desvios de fabricação. A Figura 12.5 apresenta um gráfico dessa não linearidade.

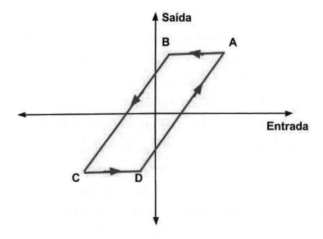

Figura 12.5: Gráfico de *backlash*.

O *backlash* pode ser descrito pela seguinte equação:

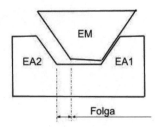

Figura 12.6: Imagem do acoplamento entre engrenagens.

$$x(t) = \begin{cases} x(t-1) & se \quad |u(t) - x(t-1)| \leq \frac{folga}{2} \\ u(t) - \frac{folga}{2} & se \quad |u(t) - x(t-1)| > \frac{folga}{2} \quad e \quad u(t) > -x(t-1) \\ u(t) + \frac{folga}{2} & se \quad |u(t) - x(t-1)| > \frac{folga}{2} \quad e \quad u(t) \leq -x(t-1) \end{cases}$$
(12.4)

em que *u(t)* é o sinal de entrada, *folga* é o valor que representa o valor da folga e *x(t)* representa a saída.

O gráfico do *backlash* pode ser entendido considerando-se o acoplamento entre a engrenagem motriz e sua respectiva folga entre os dentes, conforme visto na Figura 12.4. Se considerarmos que a engrenagem motriz (EM) está girando no sentido horário, e a engrenagem acionada (EA), consequentemente, no sentido anti-horário, sendo que EM está encostando em EA1, o seu movimento é representado pelo segmento de reta DA na Figura 12.4. Quando invertemos o sentido de giro da EM, e considerando que a carga é controlada por atrito com inércia insignificante, a EA para de girar até que os dentes da EM se desloquem na distância da folga e encostem em EM2, o que é representado pelo segmento AB na Figura 12.4. Após isso, a EA volta a girar, mas agora no sentido horário, o que é representado pelo segmento BC, até que uma nova reversão ocorra, representada pelo segmento CD.

A mesma sequência pode ser vista no gráfico tempo x rotação para a engrenagem motriz (entrada) e a engrenagem acionada (saída), apresentado na Figura 12.5.

Sistemas mecatrônicos não lineares 233

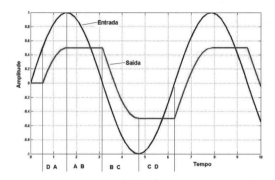

Figura 12.7: Gráfico de tempo x deslocamento para um sistema com *backlash*.

12.5 Fricção

Qualquer coisa que se oponha ao movimento relativo do corpo é chamada de atrito. É um tipo de não linearidade presente no sistema. O exemplo comum é o motor elétrico, em que encontramos o atrito devido ao contato entre as escovas e o comutador.

O atrito pode ser dividido nos dois tipos descritos a seguir:

- atrito estático: em palavras simples, o atrito estático age no corpo quando este está em repouso;

- atrito dinâmico: atua no corpo quando há um movimento relativo entre a superfície e o corpo. O atrito dinâmico pode ser dividido em: atrito deslizante, que age quando dois corpos deslizam um sobre o outro, e atrito por rolamento, que age quando os corpos rolam sobre outro corpo.

12.5.1 Atrito de Coulumb

A ideia básica do atrito de Coulumb é que se oponha ao movimento e que sua magnitude seja independente da velocidade e da área de contato, com a força de atrito F_C proporcional à força normal, como apresentado na Equação (12.5):

$$F_C = \mu * F_n \tag{12.5}$$

em que F_C é força de atrito de Coulumb, μ é o coeficiente de atrito, e F_n é a força normal ao movimento.

12.5.2 Atrito viscoso

O termo atrito viscoso é usado para descrever a força de atrito causada pela viscosidade de fluidos, sendo normalmente descrito como:

$$F = F_v * v \tag{12.6}$$

em que F_v é uma constante que depende da natureza do fluido e da área do objeto e v é a velocidade do objeto no fluido.

12.5.3 Atrito de Stribeck

Os componentes de atrito clássicos podem ser combinados de diferentes maneiras. Esses modelos têm componentes que são lineares em velocidade ou constantes. Stribeck observou que a força de atrito não diminui descontinuamente, mas que a dependência da velocidade é contínua. Isso é chamado de atrito de Stribeck. Uma descrição mais geral do atrito é dada por:

$$F = \begin{cases} F(v) & se & v \neq 0 \\ F_e & se & v = 0 \quad e \mid F_e \mid < F_S \\ F_S sgn(F_e) & outros \end{cases} \tag{12.7}$$

sendo F_v uma função descrita por:

$$F(v) = F_C + (F_S - F_C)e^{-\left|\frac{v}{v_S}\right|^{\delta_S}} + F_v * v \tag{12.8}$$

em que F_C é o atrito de Coulomb, $F_v * v$ é o atrito viscoso, F_e representa a força externa, e F_S é o atrito estático.

12.6 Relé

Relés eletromecânicos são frequentemente usados em sistemas de controle cuja estratégia requer um sinal de controle com apenas dois estados, sendo eles ligado e desligado. Esse tipo de sistema também é chamado de controlador *on-off*. A Figura 12.8 representa o sinal de um relé ideal.

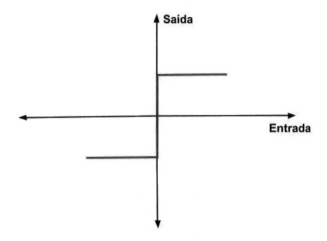

Figura 12.8: Gráfico de tempo x deslocamento para um sistema com *backlash*.

A saída não linear do relé alterna entre dois valores especificados. Quando o relé está ligado, ele permanece ligado até a entrada cair abaixo do valor do parâmetro do ponto de desligamento. Quando o relé está desligado, permanece desligado até a entrada exceder o valor do parâmetro de acionamento.

Conforme já mencionado, as não linearidades estão presentes em praticamente todos os sistemas, sendo que o sinal de relé não está fora deste conceito. Considerando que o chaveamento de um relé depende do campo magnético e do deslocamento da chave, podemos considerar que ele está sujeito a histerese e zona morta, como pode ser visto nas Figuras 12.9, 12.10, 12.11 e 12.12.

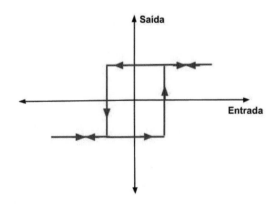

Figura 12.9: Gráfico de tempo x deslocamento para um sistema com *backlash*.

$$x(t) = \begin{cases} M1 & se \quad (u(t) > h1) \quad ou \quad [(h2 \leqslant u(t) \leqslant h1) \quad e \quad (u(t-1) = M1)] \\ M2 & se \quad (u(t) < h2) \quad ou \quad [(h2 \leqslant u(t) \leqslant h1) \quad e \quad (u(t-1) = M2)] \end{cases}$$
(12.9)

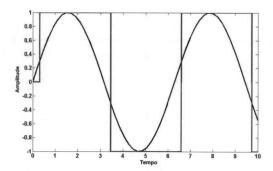

Figura 12.10: Gráfico de tempo x deslocamento para um sistema relé com histerese.

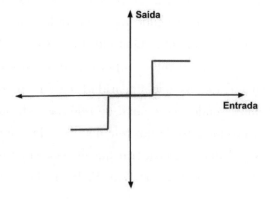

Figura 12.11: Gráfico de tempo x deslocamento para um sistema com *backlash*.

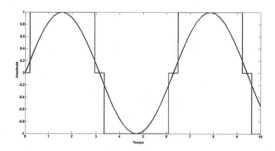

Figura 12.12: Gráfico de tempo x deslocamento para um sistema com *backlash*.

$$x(t) = \frac{sgn(u(t) - a) + sgn(u(t) + a)}{2} \tag{12.10}$$

Não linearidade do relé (a) ligado/desligado; (b) ligado/desligado com histerese; (c) ligado/desligado com zona morta. A Figura (a) mostra as características ideais de um relé bidirecional. Na prática, o relé não responderá instantaneamente. Para correntes de entrada, entre os dois instantes de chaveamento, o relé pode estar em uma posição ou outra, dependendo do histórico ănterior da entrada. Essa característica é chamada de *on-off* com histerese, mostrada na Figura (b). Um relé também possui uma quantidade definida de zona morta na prática, que é mostrada na Figura (c). A zona morta é causada pelo fato de o enrolamento do campo de relé exigir uma quantidade finita de corrente para mover a armadura.

Referências

Åström, K. J., Hägglund, T. (2001). The future of PID control. newblock Control Engineering Practice, 9(11): 1163–1175, nov.

Alkharabsheh, S., Younis, M. I. (2013). Dynamics of MEMS Arches of Flexible Supports. Journal of Microelectromechanical Systems: 22(1).

Bešlagic, S., Perc, M. (2011). Cautionary Example of Nonlinear Time Series Analysis: From Tones to Sounds. Nonlinear Phenomena in Complex Systems, 13(1): 70–78p.

Bešlagic, S., Perc, M. (2011). Cautionary Example of Nonlinear Time Series Analysis: From Tones to Sounds. Nonlinear Phenomena in Complex Systems, 13(1): 70–78p.

Graben, P. B., Sellers, K. K., Fröhlich, F., Hutt, A. (2016). Optimal estimation of recurrence structures from time series. Europhysics Letters, 114(3), 38003p.

Benettin, G., Galgani, L., Giorgilli, A., e Strelcyn, J.-M. (1980). Lyapunov characteristic exponents for smooth dynamical systems and for hamiltonian systems; a method for computing all of them. Part 1: Theory. Meccanica, 15(1): 9–20.

Bernardini D., Litak G. (2016). An overview of 0-1 test for chaos. J Brazilian Soc Mech Sci Eng; 38: 1433–50 .

Bevilacqua, F. Zon, A. V. (2004). Random walks and non-linear paths in macro-economic time series: some evidence and implications. In: Applied evolutionary economics and complex systems, Foster, J., Hölzl, W. (ed.). Edward Elgar Publishing. p. 36–77.

Bhardwaj, R., Das, S. (2019). Recurrence quantification analysis of a three level trophic chain model. Heliyon, 5(8): e02182p.

Bianciardi, M., Sirabella, P., Hagberg, G. E., Giuliani, A., Zbilut, J. P., Colosimo, A. (2007). Model-free analysis of brain fMRI data by recurrence quantification. NeuroImage, 37(2): 489–503.

Bigdeli, N., Afshar, K. (2009). Chaotic behavior of price in the power markets with pay-as-bid payment mechanism. Chaos, Solitons and Fractals, 42(4): 2560–2569.

Bisi, M. C., Riva, F., Stagni, R. (2014). Measures of gait stability: Performance on adults and toddlers at the beginning of independent walking. Journal of NeuroEngineering and Rehabilitation, 11(1): 131.

Bo, L., Zeng, K., Xu, G., Lu, C. (2018). Fault Recognition Method for Rolling Bearings Based on RQA and V-VPMCD, Zhendong Ceshi Yu Zhenduan. Journal of Vibration, Measurement and Diagnosis, 38(2).

Bodri, L., Čermák, V. (2005). Multifractal analysis of temperature time series: Data from boreholes in Kamchatka. Fractals, 13(4): 299–310.

Boldini, A., Karakaya, M., Ruiz Marín, M., Porfiri, M. (2019). Application of symbolic recurrence to experimental data, from firearm prevalence to fish swimming featured. Chaos, 29: 113128.

Bonizzi, P., Peeters, R., Zeemering, S., Hunnik, A. V., Meste, O., Karel, J. (2019). Detection of Spatio-Temporal Recurrent Patterns in Dynamical Systems. Frontiers in Applied Mathematics and Statistics, 5(26): 1–13.

Borowiec, M., Litak, G. (2012). Transition to chaos and escape phenomenon in two-degrees-of-freedom oscillator with a kinematic excitation. Nonlinear Dynamics, 70(2): 1125–1133.

Borowska, M., Brzozowska, E., Kuc, P., Oczeretko, E., Mosdorf, R., Laudański, P. (2018). Identification of preterm birth based on RQA analysis of electrohysterograms. Computer Methods and Programs in Biomedicine, 153: 227–236p.

Bose, C., Sarkar, S. (2018). Investigating chaotic wake dynamics past a flapping airfoil and the role of vortex interactions behind the chaotic transition. Physics of Fluids, 30(4): 047101.

Bradley, E., Kantz, H. (2015). Nonlinear time-series analysis revisited. Chaos, 25: 097610.

Bradley, E., Mantilla, R. (2002). Recurrence plots and unstable periodic orbits. Chaos, 12(3): 596–600.

Cameron, R. H., Martin, W. (1947). The orthogonal development of non-linear functionals in series of fourier-hrmite functionals. Annals of Mathematics, Second Series, 48: 385–392.

Canudas, C., Astrom, K., Braun, K. (1987). Adaptive friction compensation in DC-motor drives. IEEE Journal on Robotics and Automation, 3(6): 681-685.

Chen, G., Pham, T. T. (2000). Introduction to Fuzzy Sets, Fuzzy Logic, and Fuzzy Control Systems. CRC Press.

Chmielowski, W. Z. (2016) Fuzzy Control in Environmental Engineering.Springer International Publishing.

Clerc, M. (2006). Particle Swarm Optimization. Wiley-ISTE.
Colón, D., Balthazar, J. M., Reis, C. A., Bueno, A. M., Diniz, I. S.,Rosa, S. S.

R. F. (2014). Control design and robustness analysis of a ball and plate system by using polynomial chaos. AIP Conference Proceedings,1637: 226–234.

Colón, D., Cunha, A., Kaczmarczyk, S., Balthazar, J. M. (2017). On dynamic analysis and control of an elevator system using polynomial chaos and karhunen-loève approaches. Procedia Engineering, 199: 1629-1634. X International Conference on Structural Dynamics.

Colón, D., Ferreira, M. A. S., Balthazar, J. M., Bueno, A. M., Rosa, S. S. R. F. (2014). Robustness analysis of an air heating plant and control law by using polynomial chaos. AIP Conference Proceedings, 1637:235–244.

Cross, M. C., Hohenberg, P. C. (1993). Pattern formation outside of equilibrium. Reviews of modern physics, 65(3), 851.

Cruz, J. J. (1996). Controle Robusto Multivariável. Editora da Universidade de São Paulo.

Davis, L. (1991). Handbook of genetic algorithm. CUMINCAD.

De Wit, C. C., Lischinsky, P. (1997). Adaptive friction compensation with partially known dynamic friction model. International journal of adaptive control and signal processing, 11(1): 65-80.

De Lauro Castrucci, P., Bittar, A., Sales, R. (2018). Controle Automático.LTC.

Devaney, R. (2008). An introduction to chaotic dynamical systems. Westview press.

Dullerud, G., Paganini, F. (2013). A Course in Robust Control Theory: A Convex Approach. Texts in Applied Mathematics, Springer New York.

Eberhart, R. C., Shi, Y., Kennedy, J. (2001). Swarm Intelligence (The Morgan Kaufmann Series in Evolutionary Computation). Morgan Kaufmann.

Eberhart, R., Kennedy, J. (1995). A new optimizer using particle swarm theory. In Micro Machine and Human Science, 1995. MHS'95., Proceedings of the Sixth International Symposium on, p. 39–43. IEEE.

Eldred, M. (2009). Recent advances in non-intrusive polynomial chaos and stochastic collocation methods for uncertainty analysis and design. Structures, Structural Dynamics, and Materials and Co-located Conferences, American Institute of Aeronautics and Astronautics.

Erik, M., Pedersen, H., Hvass Laboratories. (2010). Good parameters for particle swarm optimization.

Fernandez, P. J. (2002). Medida e Integração. Projeto Euclides, Estrada Dona Castorina, 110, Rio de Janeiro, Brasil: Instituto de Matemática Pura e Aplicada-CNPq.

Fiedler-Ferrara, N., Prado, C. P. C. (1994). Caos: uma introdução. São Paulo: Edgard Blücher.

Fisher, J., Bhattacharya, R. (2008). Stability analysis of stochastic systems using polynomial chaos. Proceedings of the 2008 American Control Conference, p. 4250–4255.

Gerstner, T., Griebel, M. (1998). Numerical integration using sparse grids. Numerical Algorithms, 18(3-4): 209–232.

Gottwald G. A., Melbourne I. (2004). A new test for chaos in deterministic systems. In: Proceedings of the royal society london A, 460; p. 603–11.

Gottwald G. A., Melbourne I. (2005). Testing for chaos in deterministic systems with noise. Physica D; 212: 100–10 .

Gottwald G. A., Melbourne I. (2009). On the implementation of the 0-1 test for chaos. SIAM J Appl Dyn Syst; 8: 129–45 .

Grigoriu, M. (2013). Stochastic Calculus: Applications in Science and Engineering. Birkhäuser Boston.

Gu, D., Petkov, P., Konstantinov, M. (2014). Robust Control Design with MATLAB®. Advanced Textbooks in Control and Signal Processing, Springer London.

Guckenheimer J., Holmes P. (1983). Nonlinear Oscillations, Dynamical Systems and Bifurcations of Vector Fields. Springer-Verlag, New York.

Hespanha, J. (2018). Linear Systems Theory: Second Edition. Princeton University Press.

Impram, S. T., Munro, N. (1998). Describing function analysis of nonlinear systems with parametric uncertainties

Jang, J.-S.R., Sun, C.-T. (1995). Neuro-fuzzy modeling and control. Proceedings of the IEEE, 83(3): 378–406, mar.

Jang, J.-S.R., Sun, C.-T., Mizutani, E. (1997).Neuro-Fuzzy and Soft Computing: A Computational Approach to Learning and Machine Intelligence. Pearson.

Jang, J.-S.R. (1993).ANFIS: adaptive-network-based fuzzy inference system.IEEE Transactions on Systems, Man, and Cybernetics,23(3): 665–685.

Kapitaniak, T. (2012). Chaos for engineering: theory, applications and control. Springer Science and Bussiness Media.

Kavé, A. (2017). dvances in Metaheuristic Algorithms for Optimal Design of Structures. Springer International Publishing.

Kavé, A., Bakhshpoori, T., Afshari, E. (2014). An efficient hybrid particle swarm and swallow swarm optimization algorithm. Computers and Structures, 143: 40–

Sistemas mecatrônicos não lineares 245

59, sep.

Kennedy, J., Eberhart, R. (1995). Particle swarm optimization. v. 4, p. 1942–1948, nov.

Kocaarslan, I., Çam, E., Tiryaki, H. (2006). A fuzzy logic controller application for thermal power plants. Energy Conversion and Management, 47(4): 442–458, mar.

Lenz, W. B., Tusset, A. M., Ribeiro, M. A., Alves, A. C., Kossoski, A., Balthazar, J. M. (2018).Neuro-Fuzzy controller apply on inverted pendulum on a cart. NONLINEAR STUDIES (ABINGDON), 9: 455-461.

Lenz, W. B., Tusset, A. M., Ribeiro, M. A., Balthazar, J. M. (2020). Neuro Fuzzy control on horizontal axis wind turbine. Meccanica, 2: 1-15.

Lenz, W. B., Tusset, A. M., Ribeiro, M. A., Kossoki, A., Balthazar, J. M. (2019). Particle Swarm Optimization for small Horizontal Axis Wind Turbine. MATHEMATICS IN ENGINEERING, SCIENCE AND AEROSPACE: THE TRANS-DISCIPLINARY INTERNATIONAL JOURNAL, 10: 1-11.

Lenz, W. B., Tusset, A. M., Rocha, R. T., Janzen, F. C., Kossoski, A., Ribeiro, M. A., Nabarrete, A., Balthazar, J. M. (2019). A Note on Anti-Roll Bar Effectiveness Full-Car Dynamics with Magnetorheological Damper Control. INTERNATIONAL REVIEW OF MECHANICAL ENGINEERING (TESTO STAMPATO), 13: 47.

Liberty, S. (1972). Modern control engineering. IEEE Transactions on Automatic Control, 17(3): 419–419, jun.

Lieb, E., Loss, M., A. M. Society. (2001). Analysis. Crm Proceedings and Lecture Notes, American Mathematical Society.

Litak G , Syta A , Wiercigroch M. (2009). Identification of chaos in a cutting process by the 0-1 test. Chaos Solit Fract.; 40: 2095–101 .

Ljung, L. (1999). System Identification - Theory For the Use. Prentice Hall, Upper Saddle River, N.J. 2. ed.

Lychevski, S. E. (1999). Nonlinear control of mechatronic systems with permanent-magnet DC motors. Mechatronics, 9(5): 539-552.

Macau, E. E. N., Grebogi, C. (2001). Driving trajectories in chaotic systems. International Journal of Bifurcation and Chaos, v. 11, n. 5.

Mamdani, E. H., Assilian, S. (1975). An experiment in linguistic synthesis with a fuzzy logic controller. International Journal of Man-Machine Studies, 7(1): 1–13, jan.

McCulloch, W. S., Pitts, W. (1943). A lógical calculus of the ideas immanent in nervous activity. The Bulletin of Mathematical Biophysics, 5(4): 115–133, de.

Mendes, J., Osório, L., Araújo, R. (2017). Self-tuning PID controllers in pursuit of plug and play capacity. Control Engineering Practice, 69 :73–84, dec.

Mitra, S., Hayashi, Y. (2000). Neuro-fuzzy rule generation: survey in soft computing framework. IEEE Transactions on Neural Networks, 11(3): 748–768, may.

Monteiro, L. H. A. (2006). Sistemas Dinâmicos. Mack Pesquisa São Paulo, 2a. ed.

Moon, F. C. (1987). Chaotic vibrations: an introduction for applied scientists and engineers. Research supported by NSF, USAF, US Navy, US Army, and IBM. New York, Wiley-Interscience.

Nauck, D., Klawonn, F., Kruse, R. (1997). Foundations of Neuro-Fuzzy Systems. John Wiley and Sons, New York.

Nayfeh, A. H., Balachandran, B. (2008). Applied nonlinear dynamics: analytical, computational, and experimental methods. John Wiley Sons.

Nayfeh, A. H. (1985). Parametric identification of nonlinear dynamic systems. Computers and structures 20.1-3: 487-493.

Nayfeh, A. H.; Mook, Dean T. (2008). Nonlinear oscillations. John Wiley and Sons.

Nayfeh, A. H.; Pai, P. Frank.(2008). Linear and nonlinear structural mechanics. John Wiley and Sons.

Nayfeh, A. H. (2008). Perturbation methods. John Wiley and Sons.

Nise, N. (2015). Control Systems Engineering. 7. ed. Wiley.

Ogata, K. (2011). Engenharia de controle moderno. Prentice Hall.

Oksendal, B. (2010). Stochastic Differential Equations: An Introduction with Applications. Universitext, Springer. 6. ed.

Ott, E. (1993). Chaos in dynamical systems. Cambridge: Cambridge University Press.

Ouakad, H., Younis, M. I. (2012). Dynamic Response of Slacked Carbon Nanotube Resonators. Nonlinear Dynamics, 67: 1419–1436.

Papoulis, A. (1991). Probability, Random Variables, and Stochastic Processes. WCB/McGraw-Hill. 3. ed.

Parsopoulos, K. E., Vrahatis, M. N. (2010). Particle Swarm Optimization and Intelligence.IGI Global.

Parker, T. S., Chua, L. O. (1989). Practical numerical algorithms for chaotic systems. New York: Springer-Verlag.

Perko, L. (2013). Differential equations and dynamical systems (Vol. 7). Springer Science and Business Media.

Pinheiro, R. F., Colón, D. (2019). An application of the Lurie problem in Hopfield neural networks. Proceedings of DINAME 2017, Fleury, A. d. T., Rade, D. A., Kurka, P. R. G. (ed.), p. 371–382, Springer International Publishing.

Ramini, A. H., Younis, M. I., Sue, Q. (2013). A low-g electrostatically actuated resonant switch. Smart Materials and Structures, 22: 0964-1726, Jan.

Reznik, L. (1997). Fuzzy sets, logic and control. In Fuzzy Controllers Handbook, p.3–18.Elsevier.

Ruzziconi, L., Bataineh, A., Younis, M. I., Cui, W., Lenci, S. (2013). Nonlinear dynamics of an electrically actuated imperfect microbeam resonator: experimental investigation and reduced-order modeling. Journal of Micromechanics and Microengineering, JMM/458161.

Sanchez-Pena, R., Sznaier, M. (1998). Robust systems theory and applications. Adaptive and learning systems for signal processing, communications, and control, John Wiley.

Shi, Y., Eberhart, R. (1998).A modified particle swarm optimizer. p. 69–73, May.

Skogestad, S., Postlethwaite, I. (2005). Multivariable Feedback Control: Analysis and Design. Wiley.

Smith, A., Monti, A., Ponci, F. (2006). Robust controller using polynomial chaos theory. Industry Applications Conference, 2006. 41st IAS Annual Meeting. Conference Record of the 2006 IEEE, 5: 2511–2517, Oct.

Spiegel, M. R. (1976). Análise de Fourier. Coleção Schaum, Mac,.

Sudret, B. (2008). Global sensitivity analysis using polynomial chaos expansions.Reliability Engineering and System Safety, 93(7): 964-979. Bayesian Networks in Dependability.

Sugeno, M. (1985). Industrial Applications of Fuzzy Control. Elsevier Science.

Sussmann, H. J. (1978). On the gap between deterministic and stochastic ordinarydifferential equations. The Annals of Probability, 6(1): 19–41.

Thompson J. M. T., Stewart H. B. (1986). Nonlinear dynamics and chaos: Geometric methods for engineers and scientists. NY: Wiley.

Tusset, A. M. (2008). Application of optimal control in model of nonlinear veicular suspension controlled through magneto-rheological damper. PhD thesis, UFRGS, Porto Alegre, 11.

Tusset, A. M., Balthazar, J. M., Ribeiro, M. A., Lenz, W. B., Marsola, T. C. L., Pereira, M. F. V. (2019). Dynamics Analysis and Control of the Malkus Lorenz Waterwheel with Parametric Errors. Springer Proceedings in Physics, 228:57.

Tusset, A. M., Balthazar, J. M., Rocha, R. T., Ribeiro, M. A., Lenz, W. B. (2019). On suppression of chaotic motion of a nonlinear MEMS oscillator. NONLINEAR DYNAMICS, 98: 1-21.

Tusset, A. M., Balthazar, J. M., Rocha, R. T., Ribeiro, M. A., Lenz, W. B., Janzen, F. C. (2020). Time-Delayed Feedback Control Applied in a Nonideal System with Chaotic Behavior. Nonlinear Dynamics and Control, 2: 237-244.

Tusset, A. M., Ribeiro, M. A., Balthazar, J. M. (2018). Optimum Control applied to prey-predator models for Hollings model: Application in the biological control of the mite Panonychus ulmi. NONLINEAR STUDIES (ABINGDON),

9: 424-429.

Tusset, A. M., Ribeiro, M. A., Lenz, W. B., Balthazar, J. M. (2018). Control chaos strategy applied to a free-joint nonholonomic manipulator. NONLINEAR STUDIES (ABINGDON), 9: 416-421.

Tusset, A. M., Ribeiro, M. A., Lenz, W. B., Rocha, R. T., Balthazar, J. M. (2019). Time Delayed Feedback Control Applied in an Atomic Force Microscopy (AFM) Model in Fractional-Order. Journal of Vibration Engineering and Technologies, 2: 1-9.

Venter, G., Sobieszczanski-Sobieski. J. (2003). Particle swarm optimization. AIAA Journal, 41(8): 1583–1589, aug.

Vialar, T. (2009). Complex and Chaotic Nonlinear Dynamics. Advances in Economics and Finance, Mathematics and Statistics, Springer.

Wiener, N. (1938). The homogeneous chaos. American Journal of Mathematics, 60: 897–936.

Wiggins, S. (2003). Introduction to applied nonlinear dynamical systems and chaos (Vol. 2). Springer Science and Business Media.

Williams, R. A. (1997). Automotive active suspensions part 1: Basic principles. Proceedings of the Institution of Mechanical Engineers, Part D: Journal of Automobile Engineering, 211(6): 415–426.

Wolf, A., Swift, J. B., Swinney, H. L., Vastano, J. A. (1985). Determining Lyapunov exponents from a time series. Physica D, v. 16, n. 3, p. 285-317.

Xiong, F., Chen, S., Xiong, Y. (2014). Dynamic system uncertainty propagation using polynomial chaos. Chinese Journal of Aeronautics, 27(5): 1156-1170.

Xiu, D., Karniadakis, G. E. (2002). The wiener-askey polynomial chaos for stochastic differential equations. SIAM Journal of Scientific Computing, 24(2): 619–644.

Younis, M. I. (2011). MEMS Linear and Nonlinear Statics and Dynamics. Springer.

Zadé, L. A. (1965). Fuzzy sets.Information and Control, 8(3): 338–353, jun.

Zadé, L. A., Klir, G. J., Yuan, B. (1996). Fuzzy Sets, Fuzzy Logic, and Fuzzy Systems. World Scientific, may.

Zhou, K., Doyle, J. (1998). Essentials of Robust Control. Prentice Hall Modular Series for Eng, Prentice Hall.

Sobre os autores

José Manoel Balthazar é professor titular de Dinâmica Não Linear, Caos e Controle, membro titular da Academia de Ciências de São Paulo (ACIESP). Bolsista 1A e membro do Conselho Nacional de Desenvolvimento Científico e Tecnológico em Engenharia Mecânica (EM-CNPq). Ex-professor sênior do Instituto Tecnológico de Aeronáutica (ITA). Membro do corpo editorial do *Journal of Vibration and Control* e editor associado para a América Latina do *Journal of Vibration Engineering and Technologies.* Mestre pelo ITA e doutor em Engenharia Mecânica pela Escola de Engenharia de São Carlos da Universidade de São Paulo (EESC-USP). Livre-docente pela Universidade Estadual Paulista "Júlio de Mesquita Filho" (Unesp), Rio Claro. Realizou pós-doutorado em Blacksburg, Virgínia, e foi professor visitante dos Departamentos de Ciência e Engenharia Mecânica (MechSE) e Engenharia Aeroespacial, Urbana-Champaing, da Universidade de Illinois.

Angelo Marcelo Tusset possui graduação em Matemática pela Faculdade Estadual de Filosofia, Ciências e Letras de União da Vitória (Fafi, 1996), graduação em Engenharia de Controle e Automação – Mecatrônica pela Universidade do Contestado (UnC, 2007), mestrado em Modelagem Matemática pela Universidade Regional do Noroeste do Estado do Rio Grande do Sul (Unijuí, 2004), doutorado em Engenharia Mecânica pela Universidade Federal do Rio Grande do Sul (UFRGS, 2008). Realizou pós-doutorado em Matemática Aplicada no Instituto de Geociências e Ciências Exatas da Universidade Estadual Paulista "Júlio de Mesquita Filho" (IGCE-Unesp) de Rio Claro e pela Fundação de Amparo à Pesquisa de São Paulo (Fapesp).

Maurício Aparecido Ribeiro possui graduação e licenciatura em Matemática (2007), mestrado em Química Aplicada (2010), doutorado em Ciências

(2016) e em Ciências – Física, todos pela Universidade Estadual de Ponta Grossa (UEPG), onde também realizou o seu pós-doutorado.

Wagner Barth Lenz possuiu graduação em Engenharia Mecânica (2016), mestrado em Engenharia Mecânica (2019) e mestrado em Engenharia Elétrica (2020), todos pela Universidade Tecnológica Federal do Paraná (UTFPR).

Vinícius Piccirillo é professor doutor adjunto da Universidade Tecnológica Federal do Paraná (UTFPR), onde desenvolve atividades de ensino, pesquisa e extensão. É doutor em Engenharia Aeronáutica e Mecânica pelo Instituto Tecnológico de Aeronáutica (ITA).

Diego Colón possui graduação em Engenharia Elétrica (1997), mestrado em Engenharia Elétrica e Engenharia de Sistemas (1999) e doutorado em Engenharia Elétrica e Engenharia de Sistemas (2003), todos pela Escola Politécnica da Universidade de São Paulo (EPUSP). Atualmente é professor doutor MS-3 no Departamento de Engenharia de Telecomunicações e Controle da EPUSP.

Átila Madureira Bueno possui graduação em Engenharia de Computação pela Universidade Braz Cubas (1999), mestrado em Engenharia e Tecnologia Espaciais pelo Instituto Nacional de Pesquisas Espaciais (2004), doutorado em Engenharia Elétrica na área de engenharia de sistemas pela Escola Politécnica da Universidade de São Paulo (EPUSP). Realizou pós-doutorado em Matemática Aplicada no Instituto de Geociências e Ciências Exatas da Universidade Estadual Paulista Júlio de Mesquita Filho (IGCE-Unesp) de Rio Claro e pela Fundação de Amparo à Pesquisa de São Paulo (Fapesp).

Sobre os autores

Giane Gonçalves Lenzi possui graduação (2001), mestrado (2004) e doutorado (2008) em Engenharia Química pela Universidade Estadual de Maringá (UEM). Realizou pós-doutoramento no Politécnico di Torino na Itália (2010).

Frederic Conrad Janzen possui graduação em Tecnologia em Automação Industrial pela Universidade Tecnológica Federal do Paraná (UTFPR, 2009), mestrado em Engenharia Elétrica e Informática Industrial pela UTFPR (2012) e doutorado em Engenharia Mecânica pela Universidade Estadual Paulista "Júlio de Mesquita Filho" (Unesp, 2016).

GRÁFICA PAYM
Tel. [11] 4392-3344
paym@graficapaym.com.br